U0249611

龙卷形成原理与天气雷达探测

张培昌　朱君鉴　魏　鸣　编著

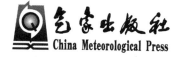

气象出版社
China Meteorological Press

内容简介

本书首先对有关龙卷形成的条件与理论做一归纳性介绍。其次,对如何利用全相参多普勒天气雷达或双线偏振多普勒天气雷达资料与产品,分析和识别强对流单体、中气旋与龙卷做较详细的论述。第三,论述中气旋、龙卷的径向速度特征及其定义与识别产品的算法。第四,通过对探测到的几个不同天气过程产生的龙卷事例进行分析。第五,论述了龙卷涡旋特征算法本地化与改进,并用实例对新旧算法的结果进行对比。第六,对如何构建探测龙卷的雷达网,包括地点的选择、雷达网的构建、雷达的定标、多部雷达的组网拼图等做了简述。最后,附录介绍了龙卷灾害调查技术的规范。本书可作为大气科学与大气物理专业本科生与研究生的专题教材,也可供地方与军队有关科研人员、业务人员与气象服务人员学习参考。

图书在版编目(CIP)数据

龙卷形成原理与天气雷达探测 / 张培昌,朱君鉴,

魏鸣编著. — 北京:气象出版社,2019.3

ISBN 978-7-5029-6946-2

Ⅰ.①龙⋯ Ⅱ.①张⋯ ②朱⋯ ③魏⋯ Ⅲ.①龙卷风

-成因②龙卷风-天气雷达-雷达探测 Ⅳ.①P445

中国版本图书馆 CIP 数据核字(2019)第 051292 号

出版发行:气象出版社

地　　址:北京市海淀区中关村南大街 46 号	邮政编码:100081	
电　　话:010-68407112(总编室)　010-68408042(发行部)		
网　　址:http://www.qxcbs.com	E-mail:qxcbs@cma.gov.cn	
责任编辑:黄红丽	终　　审:吴晓鹏	
责任校对:王丽梅	责任技编:赵相宁	
封面设计:博雅思企划		
印　　刷:三河市君旺印务有限公司		
开　　本:710 mm×1000 mm　1/16	印　　张:10	
字　　数:201 千字		
版　　次:2019 年 3 月第 1 版	印　　次:2019 年 3 月第 1 次印刷	
定　　价:60.00 元		

本书如存在文字不清、漏印以及缺页、倒页、脱页等,请与本社发行部联系调换

前　言

　　龙卷是大气中最强烈的涡旋现象,它是从雷雨云底伸向地面或水面的一种范围很小而风力极大的强风旋涡,常发生于夏季的雷雨天气时,影响范围虽小,但破坏力极大。

　　龙卷按它的破坏程度不同,分为0～5级,这是1971年芝加哥大学的藤田哲也博士提出的,简称为EF级。EF0级风速在105～137km/h,虽然较弱,但还是足以把树枝吹断,把较轻的碎片卷起来击碎玻璃,一些烟囱会被吹断(出现概率极高,53.5％)。EF1级风速在138～177km/h,它们可以把屋顶吹走,把活动板房给吹翻,一些较轻的汽车会被吹翻或刮离路面(出现概率较高,31.6％)。EF2级风速在178～217km/h,它们可以把沉重的干草包吹出去几百米远,把一棵大树连根拔起,货车可以刮离路面(出现概率中等偏低,10.7％)。EF3级风速在218～266km/h,它们可以把一辆较重汽车吹翻,树木被吹离地面,房屋一大半被毁,火车脱离轨道(出现概率低,3.4％)。EF4级风速在267～322km/h,它们可以把一辆汽车刮飞,把一幢牢固的房屋夷为平地,树木被刮到几百米高空(出现概率很低,0.7％)。EF5级风速超过了322km/h,房屋完全被吹毁,汽车完全被刮飞,路面上的沥青也会被刮走,货车、火车、列车全部脱离地面(出现概率较低)。

　　龙卷可分为水龙卷和陆龙卷。水龙卷可以简单地定义为"水上的龙卷",当它下伸到接触水面时,因龙卷中心气压底,有吸引力会将水吸引进来并上升到空中,形成龙卷水柱,它旋转的强风可以吹毁船只等。陆龙卷相对水龙卷而言强度稍弱一些,它是一种从积雨云底下垂的、具有象鼻状漏斗云的小范围剧烈天气现象,它也有很大的破坏性。中心气压可低到400hPa甚至200hPa以下,是一团旋转很快的空气,由于离心力,中间很少有空气进入,常形成像台风一样的眼区,中心附近无水滴存在,故回波上也是空心的。龙卷直径在不同发展阶段及不同高度各不相同,一般在风暴云底高度直径较大,在1～2km左右,往下逐渐变细,到近地面处直径在20～100m左右。由于龙卷涡旋转得很快,中心附近离心力很大,促使空气发生逸散,使中心附近的气压降得很多,达到在海平面很少见的低压程度。另外,中心部分还有强烈的上升运动,上升空气的加速度往往远大于地心引力,这就使龙卷中心气压格外低。在龙卷接近地面部分,由于地面摩擦力可以有一些空气进入龙卷内但量不多,其他高度上也因中心气压低产生向内流空气,仍因离心力的存在很难进入龙卷中心,这样使中心外围的气压和具有很低气压的中心之间的一小段距离内,出现很大的气压差,从而在一个约百米左右的小范围内造成很大的破坏力,而在此范围以外,就不会受龙卷的影响。龙卷整体移速约 55km/h。路径长度短的只有30m,长的有达 450km,平均为 2.5km。持续时间可从几分钟到几小时甚至十几小时。龙卷出现前后有时可以有雷雨或雹。龙卷出现时声响很大,这种响声不完全是它破坏地物所致,还由于空气间相互摩擦或空气中所携带的尘沙等的摩擦所致。

　　另外,由于风向、风速随高度有变化,风速高空大,使龙卷上部前倾甚至某些部分呈近似水平状态,风向变化会使龙卷扭曲。并不是所有龙卷都直接与地面相接触,有的只在近地面冷而稳定的气层上空越过,破坏力就很小。还有的龙卷在云底下垂不久后又缩回云中去。龙卷出现时,漏斗云常常并不是一个,而是二个、三个、四个……几个龙卷同时出现时,它们常常并不处于同一发展阶段,因此,在一个漏斗云发展成熟时,相邻的漏斗云可能有的正处在下伸阶段,而有的已处在缩回云底阶段,故雷达上同时探测到几个的机会较少。龙卷绕自己铅垂轴旋转时,大多数按气旋式旋转,但也有少数作反气旋式旋转。

　　据统计,龙卷常出现在 3—9 月,以 5—6 月最多,一日中以 13—21 时最常出现,尤其 15—18 时出现最多。

　　许多国家都出现过龙卷,其中美国是发生龙卷最多的国家。加拿大、墨西哥、英国、意大利、澳大利亚、新西兰、日本和印度等国,发生龙卷的机会也很多。

　　中国龙卷主要发生在华南和华东地区,它还经常出现在南海的西沙群岛上。图 1 为 1961—2010 全国强龙卷分布图。图 2 是全国有龙卷省份出现龙卷的数量及级别分布图。

　　在美国中西部每年都会爆发约上千次龙卷,达 EF2 级以上的龙卷,不仅狂风对地面建筑、树木及静止的重物会产生破坏,天空砸下的大冰雹或温度极高的闪电可以致人丧命。

　　俄克拉荷马城和塔尔萨之间 44 号州际公路沿线被称为 44 龙卷走廊,所以,龙卷常发的季节最好不要去龙卷走廊旅游,那里可能是非常危险的地方。例如,自 1890 年以来,前后共有 120 多场龙卷袭击了俄克拉荷马城及周边地区。1999 年 5 月 3 日的一场龙卷席卷俄克拉荷马城周围地区,1700 座住宅夷为平地,6500 处建筑遭到破坏。通过统计,除阿拉斯加州之外的美国本土 48 个州都有龙卷发生。

　　加拿大平均每年出现的龙卷有 80 个,致使 2 人丧生,20 人受伤,并导致数千万美元的损失。2000 年 7 月 4 日在加拿大阿尔伯塔省松叶湖的一起"杀人龙卷"就曾导致 11 人死亡。

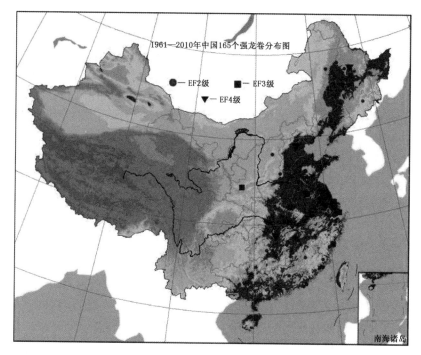

图1　1961—2010年全国强龙卷分布图
(引自:范雯杰,俞小鼎.中国龙卷的时空分布特征.气象,2015,41(7):793-805)

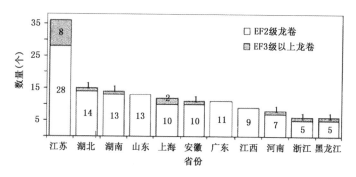

图2　全国有龙卷省份出现龙卷的数量及级别分布图
(引自:范雯杰,俞小鼎.中国龙卷的时空分布特征.气象,2015,41(7):793-805)

　　英国是欧洲发生龙卷最频繁的地区。若计入相关土地的面积,英国和荷兰是世界上单位面积发生龙卷次数最多的国家,其中荷兰平均每平方千米土地每年可遭受0.00048次龙卷袭击。新西兰和乌拉圭的部分地区也有小型强烈龙卷活动。

　　中国在东南沿海、中东与中西部以及北方地区,都是有龙卷发生的地区,以东南沿海为多发区。例如,2013年8月31日中午13时左右,珠海三灶附近海面现罕见龙卷,整个过程持续近20分钟左右,"龙吸水"高达200多米。2014年10月20日09时50分,在青海湖海心山北侧,约40分钟内先后共有九条"龙吸水"白色水柱与天空垂直与湖面相接。2015年7月14日夜,7级以上龙卷突袭信阳,50分钟的肆虐狂风造成信阳电网受损,8个乡镇受灾,10千伏线路瞬时跳闸16条次,低压配电网倒杆断线110处,8个乡镇均不同程度停电。2015年10月4日受台风"彩虹"及其外围影响,佛山顺德和广州番禺、汕尾海丰出现龙卷,导致多人伤亡。龙卷袭击番禺,广州首次启动大面积停电一级应急响应,紧急转移安置5.26万人;番禺顺德5人死亡168人受伤,还导致位于广州番禺区的500千伏广南变电站失压,影响海珠,番禺部分用户停电。2016年6月23日,江苏盐城市阜宁县、射阳县部分地区突发龙卷冰雹严重灾害,多个乡镇受灾,造成大量民房、厂房、学校教室倒塌,部分道路交通受阻,这次灾害已造成99人死亡,846人受伤。

关于龙卷形成的条件与原因,有关文献已从大气动力学、大气热力学以及涡旋动力学等方面给予分析解释,特别还从合适的风切变造成涡管以及环流守恒等角度,说明龙卷形成的下垂形状、旋转方向和双龙卷等问题。但龙卷是在强对流超级单体处在非平衡、非线性状态的剧烈变化中产生的,用以上理论解释存在一定的缺陷。因此,还有待于研究采用新的理论给予有坚实基础的论证。

目前,探测龙卷最有效的手段是S与C波段全相参多普勒天气雷达,由于该雷达不仅能估测强对流云中的回波强度分布特征,还能通过估测云中降水粒子的平均径向速度,了解云内是否存在中气旋与龙卷涡旋,并且已经生成自动识别的算法与产品。最近美国与中国已将业务布网的全相参多普勒天气雷达升级为双线偏振多普勒天气雷达,新的双线偏振物理量更有利于对产生龙卷的回波形态及龙卷是否落地等作出更有效的判断,提高了对龙卷的预警能力。但由于对龙卷形成原理尚缺乏充分的理论基础,因此,要对龙卷做短时的中小尺度数值天气预报尚不可能。

本书首先对有关龙卷形成的条件与理论做一归纳性的小结。其次,对如何利用全相参多普勒天气雷达或双线偏振多普勒天气雷达资料与产品,正确分析和识别强对流单体、中气旋与龙卷做较详细的论述。第三,论述中气旋、龙卷的径向速度特征及其定义与识别产品的算法。第四,通过对探测到的几个不同天气过程产生的龙卷事例进行分析。第五,论述了龙卷涡旋特征算法本地化与改进,并用实例对新旧算法的结果进行对比。第六,对如何构建探测龙卷的雷达网,包括地点的选择、雷达网的构建、雷达的定标、多部雷达的组网拼图等做了简述。最后,附录中介绍了龙卷灾害调查技术的规范。

由于中国气象局已将研究提高龙卷、冰雹、大风、暴雨预报水平作为防灾减灾的重要内容,许多业务与研究单位也成立了相关的研究团队。本书可以作为大学相关专业学生学习和业务人员分析使用多普勒天气雷达资料与产品,以及研究人员开展这方面科研工作时的参考。

本书由张培昌主编,其中前言和第1章、第2章由张培昌编写,第3章、第6章由张培昌与魏鸣合编,第4章由朱君鉴与魏鸣合编,第5章由张培昌与朱君鉴合编。附录起草单位:江苏省气候中心、江苏省气象科学研究所、江苏省气象信息中心。

感谢北京敏视达雷达有限公司提供的技术支持。对于中国气象局气象探测中心、江苏省气象局、安徽省气象局和广东省佛山市气象局龙卷风研究中心提供雷达探测资料,龙卷风研究中心李兆明博士和黄先香首席预报员的帮助,以及吴翀、朱家杉、郑玉、郑钟尧等同学在雷达资料收集和处理中付出的努力,一并表示感谢。

感谢南京信息工程大学闵锦忠教授对本书出版的大力支持。本书得到了国家重点研发计划(2017YFC1502103)专项"副热带地区区域模式关键技术及其应用"和国家自然科学基金项目(41675029)"双偏振雷达探测降水演变的灵敏性的散射机理研究"提供的经费支持。

作者

2018 年 12 月

目 录

第1章　龙卷产生的条件

§1.1　龙卷出现的天气

1.1.1　龙卷易出现天气形势

按照发保许(E. J. Fawlbush)和密勒(R. C. Miller)的研究(他们参看了许多龙卷归纳了龙卷出现时的特征),发现如果天气图上的形势有下列特点,龙卷最易于出现。

(1)空气必须是对流性不稳定的。其具体条件是:

①近地气层必须是潮湿的,比湿很大(可从天气图上看出)。

②上空(可自 700hPa 图上看出)有一厚层干燥空气(相对湿度往往低于50%)。此干空气层的底部常常有一个逆温层或稳定层(可自850hPa 天气图上看出).它覆于下面的潮湿空气之上。在干燥气层,温度直减率很大,温度随高度升高而降低的情况很显著。

③从地面至少到 8000m 高处,气温随高度而改变的情况是属于条件性不稳定的。

(2)在潮湿气层中水平方向水汽分布图上可以发现有一个很狭的"湿舌"或"露点脊",且在湿舌的迎风一侧(此风指下述 1.1.3 中之风)等湿度线比较密集(此湿舌是指露点线或比 湿线的湿舌)。

(3)在对流层中部,即海拔 3000m 到 6000m 处。在水平方向有一股很窄的强风区。风可超过 35 海里①/小时,风向与其下之湿层中的湿舌轴之交角常很大。

(4)产生龙卷的气柱必须被抬升到足够高度,使前述 1.1.1 中的对流性不稳定的潜能能充分发泄出来。这种抬升作用,常常是由于锋面、飑线或不稳定线造成的。自由对流高度约在 650hPa 面上。

---

①　1 海里＝1.852km,下同。

1.1.2　龙卷出现的几种天气

（1）龙卷可以出现在冷锋前暖区中的飑线附近。

（2）龙卷可以出现在冷锋上。在冷锋前部鼻子部分下方是暖湿空气，其上方也是暖湿空气，只有鼻子本身是冷而干的空气，因此，在鼻子与其下的暖湿空气间气层是不稳定的，在鼻子与其上的暖空气间气层是十分稳定的。不稳定层由于不稳定能量的释放，暖空气上升，在冷锋组成的鼻子中上升，于是在鼻子这一部分有气涡发生（气涡轴是垂直还是水平要看形成气涡的具体情况而定），形成龙卷（见图1.1）。但这样形成的龙卷事实上很少，即使产生也很快就容易消失。

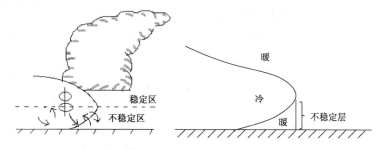

图1.1　冷锋鼻子下不稳定层内有气涡发生形成龙卷

（3）在冷锋后和暖锋前的云中，也会有龙卷漏斗下垂。只是由于其下方空气干而冷的，稳定性比较强，故形成的龙卷漏斗不能下达地面，只能掠空而过。

（4）台风登陆时，其附近也有可能出现龙卷。

龙卷气涡主要在云中或云上部形成，但当地面空气受热，对近地面层潮湿空气不稳定能量释放是有利的，因此下午易形成龙卷。

§1.2　龙卷气涡的形成原因

龙卷形成时，通常上空先存在风切变，造成气涡（涡度），空气很快转动，使旋转中心气压降低，地面沙尘或水体就会被卷升腾。故气涡是形成龙卷的必要条件，先要有气涡产生，然后才能形成龙卷。

上空的气涡是怎样形成的呢？由于龙卷出现突然，持续时间又短，所经地区又很局地，故实际资料很缺乏。以往研究认为有三种情况可形成气涡：

第一种是气涡由云中升降气流形成的，则其旋转轴呈水平状态。这种气涡出现在积雨云中或积雨云旁空气中有强烈的升降气流，即在积雨云旁有垂直气流切变，其中有一部分气流处在无云区，故雷达PPI上的回波出现6字形或指状（见图1.2），它们之间的切变如果十分猛烈，就会造成这种具有水平轴的气涡。不久这种气涡沿轴方向伸展,且轴的一端与另一端高低并不相同,较低的一端渐渐向下伸出云底呈漏斗状,如图 1.3 中正视与侧视图所示。

指状回波

6 字形回波

图 1.2　PPI 上 6 字形回波与指状回波

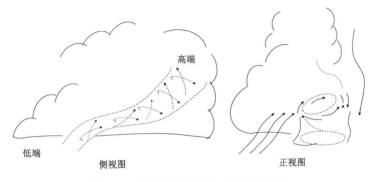

高端

低端

侧视图　　　　　　　　　正视图

图 1.3　气涡轴向下伸出云底呈漏斗状

第二种气涡成形是由于气柱对流性不稳定,柱内气体骤然抬升发作。这时云内空气猛烈上升,云顶也很快向上伸展,中心气压变低,四周空气向中心填补,造成气旋式的、有垂直轴的气涡,此气涡的轴向下伸展,不久即伸出云底形成龙卷。

第三种气涡形成是根据坦伯(M. Tepper)的研究,在两个气压骤跃线交点的轨迹上形成的。什么是气压骤跃线,它是怎样形成的呢?

在冷锋前的暖区中,常有一逆温层或稳定层存在,当冷锋移动速度突然加速时,就会将稳定层的相邻部分突然冲击一下,形成冲击波,又名气压骤跃波。此波一经形成,即离冷锋而向前传播,以后冷锋又减速,于是又产生气压下降波,见图 1.4 所示。下降波移动很快,不久追上气压骤跃波,使气压骤跃波下降而平复。但当气压骤跃波生成时,局地气压就会骤升,从而形成局地大风,甚至发生阵雨及雷暴。

若冷锋全线加速,则冷锋上各点均成为点波源,因而各点均生成气压骤跃波,各波的波前组成一条线,即成为飑线。通常飑线就是这样形成的,因此,飑线常大致平行于冷锋。飑线来时,局地气压有骤升现象,在图 1.5 中冷锋前各弧线就是各气压骤跃波的波前,虚线就是波前形成的飑线。

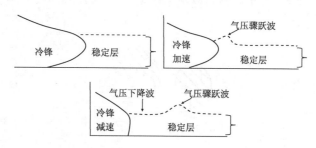

图 1.4　冷锋移动加速形成气压骤跃波

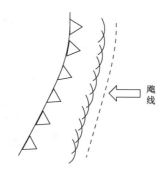

图 1.5　气压骤跃波波前组成飑线

　　有时冷锋并非全线加速,它只在冷锋某些孤立点加速,这样,气压骤跃线就只能在冷锋的某些加速部分产生,这些孤立的气压骤跃波的波前称为气压骤跃线,凡是气压骤跃线到达的地方都有气压骤升的现象。

　　设在冷锋上有 A、B 两处加速(见图 1.6),于是在该两处就分别产生气压骤跃线 a1a1 及 b1b1,以后气压骤跃波扩大为 a2a2,b2b2;a3a3,b3b3;…,它们的相交点分别为 L、M、N,等,故 LMN 线称为由相交形成的接触钱,或称为气压骤跃线交点的轨迹线。交点的轨迹线附近由于冷锋上各点加速不同(见图 1.7),以轨迹线为切变线,两侧有着速度差异很大、很强的风切变,于是形成气涡,如图 1.6 中 S 处所示。坦伯认为这就是龙卷形成的原因之一。他研究 10 个龙卷,发现 5 个确实出现在这些交点上。

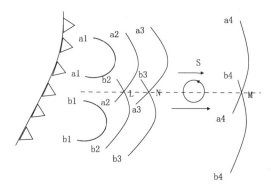

图 1.6 气压骤跃线交点的轨迹线

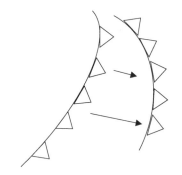

图 1.7 冷锋上各点加速不同

§1.3 气涡发展成龙卷的条件

1.3.1 气涡产生后形成龙卷的过程

气涡一经形成,就能带动其下空气迅速旋转,但是,要使其下空气在垂直范围内全部旋转,必须其下空气有相当稳定性,使湿空气潜能不至于另碎耗尽掉,等到旋转一产生,由于离心力使得龙卷中心的空气变得稀薄,即发生了膨胀,使所含水汽中一部分产生凝结,这样龙卷涡旋就由不可见变为可见的漏斗云。由于气涡是自上向下伸展的,所以漏斗部分也是从云底向下下垂的。当然,也会有云中一部分液体被夹卷而下垂,即不一定都是气涡本身膨胀凝结造成可见漏斗云。另外,中心部分离心力大,不存在水滴,或因低温,水汽含量少,膨胀凝结出水滴也少,故看不见回波。以后漏斗云愈伸愈下,周围空气辐合上升,有一部分在上升过程中绝热膨胀而产生凝结,使漏斗云更为明显。等到漏斗要伸达地面时,地面上的沙尘、水体,甚至被龙卷破坏的物体也就一下被龙卷吸上带走。

近地面的潮湿空气上抬时,不稳定能量的释放对于龙卷涡旋的维持及加强是十分重要的。而这种上抬作用在很大程度上是由于上空涡旋中心空气变稀,气压骤降所致。

1.3.2　出现双龙卷的原因

为什么有时会出现双龙卷,龙卷为什么会伸向地面,为什么龙卷可以有两种旋转方向?

据流体力学中赫姆霍兹(Helmholtz)定理,凡由涡旋沿轴延伸而形成的涡管在同一流体中形成时,它的两端将相互连接起来,否则涡管的两端将终止在流的边界面上。龙卷的漏斗云本身就是由涡旋组成的空气涡管,所以它也有两端将相互连接起来的趋向,但往往在未连接前就到达了流体(即空气)的边界(即地面或水面),于是形成了左右两个龙卷,右龙卷呈气旋式旋转,左龙卷呈反气旋式旋转(见图1.8),这就是有的龙卷呈反气旋式旋转的原因。

图1.8　空气涡管形成了左右两个龙卷

按上述原理,在任何有龙卷的时候,应该终有左右龙卷同时出现,但北半球风随高度常是向右旋转的,所以右龙卷要比左龙卷常见。但按坦伯的意见,认为左龙卷的形成,是由于在气压骤跃线交点轨迹所形成的切变线两侧风速的切变为反气旋式切变所致。右龙卷时,切变线北侧偏西风小于南侧偏西风,左龙卷时,切变线北侧偏西风大于南侧偏西风。

1.3.3　龙卷不到地的问题

有时由于近地面处空气摩擦作用很强,潮湿层的不稳定能量被摩擦所零星消耗掉了,此时龙卷就不能到达地面。

1.3.4　龙卷漏斗云出现的位置

龙卷漏斗云不一定出现在积雨云中,它们常常出现在连接两旁高耸云塔的底部,如图 1.9 所示。

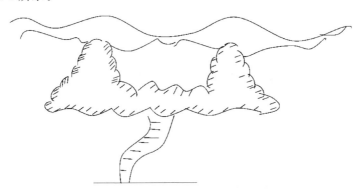

图 1.9　龙卷漏斗云出现在连接两旁高耸云塔的底部

参考文献

[1]　王鹏飞."龙卷风"[J].天气月刊,1957 年 5 月号.

第 2 章　龙卷形成的理论分析

§2.1　龙卷风暴的结构模型与钩状回波成因[1-2]

产生龙卷的局地强风暴称为龙卷风暴(tornadic storm)。这种风暴云十分高大并有明显旋转性,通常是超级单体。

图 2.1 是一个龙卷母云在不同发展阶段的结构模型图。在形成阶段,云体中心部位有一个很强的上升气流核,气流旋转上升。由于在此上升气流核中,水汽凝结物来不及碰并增大便已窜到云顶,因此便形成一个少云或无云区,对应在雷达 PPI 回波上为一个围绕环流轴的无(弱)回波区(Y),Fujita 称其为"眼"区。在成熟阶段,旋转上升气流的外围部分(A、B、C、D、E)和中心部分(Y)发生分离。这是由于"眼"向着云的主体的右后端移动的结果。因而在成熟阶段,在 PPI 回波上可以看到一个钩状突出物.突出物与回波主体之间的弯处,即为气流流入区和强上升气流所在处。在高层钩状回波消失,有时则呈现为一个回波空洞。

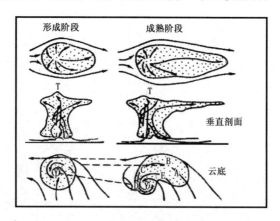

图 2.1　一个旋转雷暴云的模型

Y 为眼区,A、B、C、D、E 为周围回波,T 为云塔顶部

　　钩状回波或回波"洞"是在龙卷母云中"眼"的标志,因而也是龙卷母云的重要标志之一。虽然钩状回波不一定伴有龙卷,但一般来说,在钩状回波路径附近观测到龙卷的可能性较大。

　　旋转云从形成阶段到成熟阶段,为什么其"眼"会从云体中心逐渐移到云体边缘的呢? 对于这个问题可作如下的解释:

　　首先,我们知道"眼"区实际上是在旋转圆柱体(对流云柱)与环境流体(周围流场)的相互作用下诱生出来的一个高速旋转涡旋.它的旋转方向可以是气旋式的,也可以是反气旋式的。取决于圆柱体与环境的相对运动的大小。

　　设一个旋转圆柱体处于均匀运动的流体中,其轴垂直于运动方向,则其周围便有环流产生,与流体运动方向相同的一侧速度将增加,而与流体运动相反的一侧速度将减慢。按照伯努里定律,速度快的一侧压力减小,速度慢的一侧压力增大。这样一来,在圆柱体上就将受到一个力的作用,这个力垂直于圆柱体的轴和流动方向,并指向速度增加的一侧。这个力叫作马格纳斯(Magnus)力,这种现象叫作 Magnus 效应。在密度为 ρ,流速为 u,作平直流动的流体中,当有一个刚体圆柱在其中自转时,若旋转体周围的环流强度为 Γ,则会出现 Magnus 力 F,其大小为

$$F = \rho u \Gamma$$

由于存在 Magnus 效应,那么当周围风场与对流云体的相对运动为气旋式环流时(图 2.2 上),对流云受到一个指向其移向右侧的气压梯度力,因而被推向其前进方向的右侧。由于流体的混合黏滞作用,因而便在旋转的对流云的右后方诱生出气旋式环流,叫作龙卷气旋。反之,当周围风场与对流云体的相对运动为反气旋环流时(图 2.2 下),则将产生反气旋式环流,叫作龙卷反气旋。

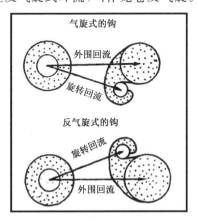

图 2.2　钩状回波相对于自西向东移动的回波主体的位置。图中左边云中的小圆表示"眼"环流,当它移出回波主体时,钩状回波便形成

§2.2　龙卷生成的理论解释[1-2]

2.2.1　龙卷涡度的量级

　　和气旋一样,龙卷是一种绕准垂直轴旋转的涡旋系统。区别在于前者为大尺度系统,而后者为小尺度系统。气旋中的涡度值量级 $O(\zeta)$ 为 $10^{-5}\,\mathrm{s}^{-1}$,而龙卷中的涡度值的量级则要大得多。若按其半径为 $100 \sim 1000\mathrm{m}$,切向速度为 $50\mathrm{m/s}$ 估计,其涡度最级近似为 $10^{-1} \sim 10^{-2}\,\mathrm{s}^{-1}$。不仅如此,气旋和龙卷的差别,还表现在两者的发展速度上。一般来说,气旋从生成至成熟约 $10 \sim 20$ 小时,因此其涡度局地变化的量级 $O\left(\dfrac{\partial \zeta}{\partial t}\right) \sim 10^{-10}\,\mathrm{s}^{-2}$。而龙卷则可在十几分钟内形成,其涡度局地变化量级约为 $10^{-4}\,\mathrm{s}^{-2}$。这就是说,龙卷云中局地涡度变化值比气旋生成时大百万倍。因此龙卷的发生可以归结为一个涡度如何能在准垂直轴上迅速大量地集中的问题。这个问题可以通过分析涡度方程来解释。

2.2.2　用涡度方程解释龙卷的发生

　　由无摩擦水平运动方程(它是在非惯性系中的牛顿第二定律全微分表示)

$$\frac{\partial u}{\partial t} = -u\frac{\partial u}{\partial x} - v\frac{\partial u}{\partial y} - w\frac{\partial u}{\partial z} - \frac{1}{\rho}\frac{\partial p}{\partial x} + fv \tag{2.1}$$

$$\frac{\partial v}{\partial t} = -u\frac{\partial v}{\partial x} - v\frac{\partial v}{\partial y} - w\frac{\partial v}{\partial z} - \frac{1}{\rho}\frac{\partial p}{\partial y} + fu \tag{2.2}$$

通过将(2.1)式对 y 微分,将(2.2)式对 x 微分,由(2.1)减去(2.2)式,并注意到涡度 $\zeta = \dfrac{\partial v}{\partial x} - \dfrac{\partial u}{\partial y}$ 的定义,便得下列形式的涡度方程

$$\frac{\partial \zeta}{\partial t} = -\left(u\frac{\partial \zeta}{\partial x} + v\frac{\partial \zeta}{\partial y} + w\frac{\partial \zeta}{\partial z}\right) - f \times \left(\frac{\partial u}{\partial x} + \frac{\partial v}{\partial y}\right)$$
$$- \left(u\frac{\partial f}{\partial x} + v\frac{\partial f}{\partial y}\right) - \zeta \times \left(\frac{\partial u}{\partial x} + \frac{\partial v}{\partial y}\right) + \left(\frac{\partial u}{\partial z}\frac{\partial w}{\partial y} - \frac{\partial v}{\partial z}\frac{\partial w}{\partial x}\right)$$
$$+ \left[\frac{\partial p}{\partial x}\frac{\partial (1/\rho)}{\partial y} - \frac{\partial p}{\partial y}\frac{\partial (1/\rho)}{\partial x}\right] \tag{2.3}$$

分析(2.3)式右端各项量级可知,对小尺度对流过程来说,$O\left(\dfrac{\partial u}{\partial x} + \dfrac{\partial v}{\partial y}\right) \sim 10^{-2}\,\mathrm{s}^{-1}$。

$O(f) \sim 10^{-4}\,\mathrm{s}^{-1}$,所以(2.3)式右端第二项 $f \times \left(\dfrac{\partial u}{\partial x} + \dfrac{\partial v}{\partial y}\right)$ 的量级为 $10^{-6}\,\mathrm{s}^{-1}$,远小于龙卷云中涡度的局地变化值,这说明地球自转(科氏力)在龙卷形成中不起重要作用。通过估算地转参数平流项(右端第三项)也可得到相同的结论。

(2.3)式右端第四、第五和第六等三项对龙卷的形成起着重要的作用。从第五项来看,在积雨云中

$$\mathrm{O}\left(\frac{\partial u}{\partial z}\frac{\partial w}{\partial x}\right)\sim \mathrm{O}\left(\frac{\partial v}{\partial z}\frac{\partial w}{\partial x}\right)\sim 10^{-4}s^{-2}$$

基本上与龙卷生成的涡度变化速度相符。

再看第四项,在雷暴云中散度量级 $\mathrm{O}\left(\frac{\partial u}{\partial x}+\frac{\partial v}{\partial y}\right)\sim 10^{-2}s^{-1}$。如果云团已具有一定的旋转性,且达到 $\mathrm{O}(\zeta)\sim 10^{-2}s^{-1}$ 的话,那么在这种形势下,第四项 $\zeta\times\left(\frac{\partial u}{\partial x}+\frac{\partial v}{\partial y}\right)$ 的量级可达 $10^{-4}s^{-2}$,因此也与龙卷生成的涡度局地变化速度相符。所以产生涡度的风速散度因子在龙卷形成中也具有重要的作用。不过应当指出,散度因子 $\left(\frac{\partial u}{\partial x}+\frac{\partial v}{\partial y}\right)$ 是必须在涡度 ζ 已经相当大的情况下才能起作用的。因此,它不可能成为产生龙卷的主要原因。实际观测表明,龙卷并不首先形成在辐合最强的低空,这正好说明散度因子并非产生龙卷的主要原因。

与第四项不可能成为产生龙卷的主要原因相反,第五项(即表示两个水平涡度相互作用的扭转项)可以认为是龙卷发生发展的主要原因。观测表明,龙卷并不发生在上升气流的内部,而是在上升气流的边缘,这正好说明扭转项的作用。由于在龙卷风暴中上升气流有很大的倾斜(扭转即产生倾斜),因而这一项在产生涡度的垂直分量上有重要的效应。若 $\partial w/\partial x=2\times10^{-3}s^{-1}$,$\partial v/\partial z=5\times10^{-3}s^{-1}$,则扭转项产生的垂直涡度增量为 $10^{-6}s^{-1}$,在 300 秒后,涡度增加 $3\times10^{-3}s^{-1}$,达到了中气旋的涡度值。有了此涡度值后,中气旋内的气流辐合(即第四项的贡献),才因辐合而使涡度进一步集中。在方程(2.3)式右端的第六项为力管项(它反映云内空气水平压力梯度与水平比容梯度的相互作用)。这项的作用是产生涡度水平分量,然后通过第五项的扭转(倾斜)项把涡度水平分量转变成强的涡度垂直分量。所以这项对龙卷生成也有重要作用。

2.2.3　涡度垂直分量的主要来源

以上分析表明,使涡度垂直分量发生的主要作用是方程(2.3)式中的右端第五项。下面我们来进一步说明,在远离锋区的气团内部的积雨云中发展强的垂直涡旋的可能性很小,而在锋区附近的积雨云中则有利于产生龙卷。为此,我们将(2.3)式的右端第五项改写为下列形式

$$\frac{\partial u}{\partial z}\frac{\partial w}{\partial y}-\frac{\partial v}{\partial z}\frac{\partial w}{\partial x}=\left[\frac{\partial \boldsymbol{v}}{\partial z}\times \mathrm{grad}w\right] \qquad (2.4)$$

上式右端为水平风 $\boldsymbol{v}$ 随高度变化的矢量 $\left(\frac{\partial \boldsymbol{v}}{\partial z}\right)$ 与垂直速度分量的水平梯度矢量

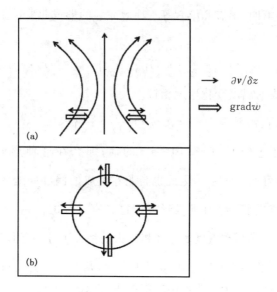

图 2.3　(a)气团内积雨云中心附近垂直剖面上的弓形气流及$\dfrac{\partial \boldsymbol{v}}{\partial z}$和

gradw；(b)水平面上$\dfrac{\partial \boldsymbol{v}}{\partial z}$和 gradw 分布

（gradw）叉乘积，其结果表示的是在垂直轴 z 上的投影。

　　在气团内部无云的自由大气中，风速随高度的变化很小。但在积雨云中这种气流可用图 2.3b 表示平面上矢量$\dfrac{\partial \boldsymbol{v}}{\partial z}$和 gradw 的分布。如图 2.3b 所示，矢量$\dfrac{\partial \boldsymbol{v}}{\partial z}$和 gradw 相互平行但方向相反。因此，据(2.3)式中某一高度 z 上的某个方向，这两个矢量相互平行，但方向相反，这时的叉乘积($\dfrac{\partial \boldsymbol{v}}{\partial z}\times$gradw)等于零，结果因两个水平涡管平行，不可能造成涡管扭转（倾斜），故在云中形成垂直涡度的趋势很小。由此得到结论：在气团内部的积雨云中龙卷形成的可能性很小。

　　由(2.3)式可知，只有当$\dfrac{\partial \boldsymbol{v}}{\partial z}$和 gradw 两个矢量方向不同并有大的夹角或接近于直角的地方其叉乘积不为零，即在垂直方向 z 上有涡管出现，才可能有龙卷形成。

　　对于锋面云来说，风随高度的变化取决于外部的大尺度参数和锋区的水平温度梯度值。地转风随高度变化的矢量在云中具有相同的值（即$\dfrac{\partial \boldsymbol{v}}{\partial z}$数值恒定），而且方向与等温线的方向一致。gradw 矢量则一致指向云的中心（如图 2.4 所示）。

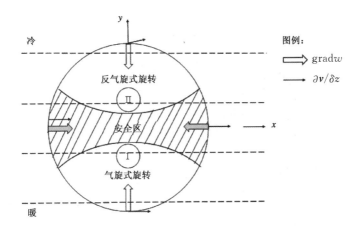

图 2.4　锋面上的积雨云(圆周表示云区)内龙卷形成时涡旋发展的示意图

在图 2.4 中可分为三个区,即Ⅰ区、Ⅱ区和安全区。所谓安全区,是指在这一地区龙卷一般难以形成,因为在这一地区$\frac{\partial \boldsymbol{v}}{\partial z}$和 grad$w$ 两个矢量的夹角很小,而且在云的中心垂直速度梯度矢量 grad$w$ 很小或等于零,所以这里涡旋形成的趋势很小。而在Ⅰ区和Ⅱ区(这两个区要求有一部分在云内上升气流的边缘),$\frac{\partial \boldsymbol{v}}{\partial z}$ 和grad$w$ 两个矢量近于正交(它们形成的水平涡管也近于正交),因此龙卷涡旋形成的趋势很大(从图 2.4 中可见,两个矢量的夹角渐变大时,Ⅰ区、Ⅱ区所占的径向距离也变大,即两个矢量相互作用造成的扭转即涡管向垂直方向倾斜就越多)。而且上述矢量的乘积的投影在Ⅰ区和Ⅱ区分别为正值和负值,因此,在Ⅰ区中一般形成气旋式旋转的龙卷,而在Ⅱ区中则常形成反气旋式旋转的龙卷。

应指出,倾斜项(或扭转项)是由水平分布不均匀的垂直速度把水平涡度转换为垂直涡度而引起的涡度局地变化率。倾斜项可写成

$$\frac{\partial w}{\partial y}\frac{\partial u}{\partial z} - \frac{\partial w}{\partial x}\frac{\partial v}{\partial z} = \left(\frac{\partial u}{\partial z} - \frac{\partial w}{\partial x}\right)\frac{\partial w}{\partial y} + \left(\frac{\partial w}{\partial y} - \frac{\partial v}{\partial z}\right)\frac{\partial w}{\partial x}$$
$$= \eta\frac{\partial w}{\partial y} + \xi\frac{\partial w}{\partial x} \tag{2.5}$$

其中 $\eta = \left(\frac{\partial u}{\partial z} - \frac{\partial w}{\partial x}\right)$, $\xi = \left(\frac{\partial w}{\partial y} - \frac{\partial v}{\partial z}\right)$。

这样可以更清楚地了解该项的物理意义。参见图 2.5,在初始时刻,假设 $v = 0$(即无风矢 $\boldsymbol{V}$ 的 y 轴分量值),而$\frac{\partial u}{\partial z} > 0$,(表示 Z_B 高处风矢 $\boldsymbol{V}$ 的 x 轴分量 u_2 值大,

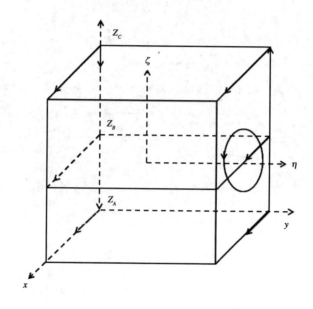

图 2.5　水平涡度向垂直涡度转换示意图

Z_A 低处 u_1 值小)。这时空间任一点由水平风矢的水平切变引起的垂直涡度 $\zeta=\dfrac{\partial v}{\partial x}-\dfrac{\partial u}{\partial y}$ 均为零(因为已假设 $v=0$,而 u 在同一高度上局地是均匀的,故 $\dfrac{\partial u}{\partial y}=0$)。经过 δ_t 时间之后,由于垂直速度 w 作为平流因子,使低层 Z_A 处的水平速度 u_1 升到高层 Z_B 处,所以在 Z_B 高度上形成风速 u_1 与 u_2 之间在 y 轴方向上的水平切变,即 $\dfrac{\partial u}{\partial y}<0$。(因为高度 Z_B 上的 u_1 与 u_2 均是 x 方向上的分量,它不可能形成在 x 方向上的切变)从而产生垂直涡度 $\zeta\left(\zeta=-\dfrac{\partial u}{\partial y}>0\right)$ 这种垂直涡度产生的物理机制可以理解为:水平分布不均匀的垂直速度 $\left(\dfrac{\partial w}{\partial y}>0\right)$ 把具有水平轴的涡度 η $\left(\eta=-\dfrac{\partial u}{\partial z}>0\right)$ 倾斜或扭转,使其中的一部分转换成具有垂直轴的涡度 ζ,从而产生涡度 ζ 的局地变化率,即 $\dfrac{\partial \zeta}{\partial t}=\eta\dfrac{\partial w}{\partial y}$。

　　用类似的方法可以分析水平分布不均匀的垂直速度 $\left(\dfrac{\partial w}{\partial x}>0\right)$ 把水平涡度 ξ 转换成垂直涡度 ζ 所引起的涡度局地变化率,即 $\dfrac{\partial \zeta}{\partial t}=\xi\dfrac{\partial w}{\partial x}$。

§2.3　龙卷三维螺旋结构形成的理论[3]

在伯格斯涡旋中,只要三个方向运动方程加上连续性方程,由四个未知数 v_r, v_θ, v_z, P 就构成封闭方程。大气却不一样,第三个运动方程中含有浮力项(这是热力分层的表现),它由温度差(或位温差)表示,这样四个方程有五个未知数就不封闭了。所以必须加上热力学方程才能封闭。

对龙卷我们仍考虑柱坐标中轴对称 $\left(\dfrac{\partial}{\partial\theta}=0\right)$ 的、定常的布西内斯克(Boussinesq)近似方程组为:

$$v_r\frac{\partial v_r}{\partial r}-\frac{v_\theta^2}{r}=-\frac{1}{\rho}\frac{\partial p'}{\partial r}-\gamma v_r \tag{2.6}$$

$$v_r\frac{\partial v_\theta}{\partial r}-\frac{v_r v_\theta}{r}=-\gamma v_\theta \tag{2.7}$$

$$v_z\frac{\partial v_z}{\partial z}=-\frac{1}{\rho}\frac{\partial p'}{\partial z}+g\frac{T'}{\overline{T}}-\gamma v_z \tag{2.8}$$

$$\frac{1}{r}\frac{\partial(rv_r)}{\partial r}+\frac{\partial v_z}{\partial z}=0 \tag{2.9}$$

$$\frac{N^2}{g}v_z=-k\frac{T'}{\overline{T}} \tag{2.10}$$

在该方程组中为了说清楚,我们特别用 p'、T' 表示压力和温度的扰动。以上各式中 $\rho=\overline{\rho}+\rho'$,$p=\overline{p}+p'$,$T=\overline{T}+T'$,上面带一横杠的表示平均量。

和刘式达、刘式适著《大气涡旋动力学》第 9 章中的伯格斯涡旋的方程(9.45)到(9.48)式比较,除了增加了热力学方程(2.10)以外,为了简化黏性项,我们均用 $-\gamma v_r$,$-k\dfrac{T^*}{T_0}$ 等简化形式。

由于漏斗状的龙卷是从雷暴云底向下伸展而成的,因此,我们设云底为 $Z=0$,而垂直速度仿照伯格斯涡旋和大气涡旋,设为

$$v_z=2az \quad (a>0,z<0) \tag{2.11}$$

式中 a 是正常数。

将(2.11)式代入连续方程(2.9)求得

$$\frac{1}{r}\frac{\partial(rv_r)}{\partial_r}+2a=0$$

$$rv_r=-2a\int r\mathrm{d}r=-ar^2$$

故求得

$$v_r = -ar \tag{2.12}$$

将(2.12)式代入(2.7)式

$$\frac{1}{(rv_\theta)}\frac{\partial(rv_r)}{\partial r} = -\frac{\gamma}{v_r} = \frac{\gamma}{ar} \tag{2.13}$$

积分(2.13)式得到

$$v_\theta = b\gamma^{\frac{r}{2}-1} \tag{2.14}$$

若设 $r=2a$,则

$$v_\theta = b\gamma \tag{2.15}$$

这样龙卷的三个速度为

$$\begin{aligned} v_r = \dot{\gamma} = -ar \\ v_\theta = \dot{\theta} = br \\ v_z = \dot{z} = 2az \end{aligned} \tag{2.16}$$

(2.16)式说明,由于 v_r 随时间 t 不断减小,空气由云底开始辐合。事实上由连续方程(2.9)得到

$$D = \frac{1}{r}\frac{\partial(rv_r)}{\partial r} = \frac{1}{r}\frac{\partial(-ar^2)}{\partial r} = -2a < 0 \tag{2.17}$$

式(2.17)的结果正是辐合。

同时旋转角速度 $\dot{\theta}=b$ 为常数。所以龙卷是由雷暴云底空气不断辐合的向下运动。

(2.16)式也可化为成直角坐标形式

$$\begin{aligned} \dot{x} = v_r\frac{x}{r} - v_\theta\frac{y}{r} = -ar\frac{x}{r} - br\frac{y}{r} = -ax - by \\ \dot{y} = v_r\frac{x}{r} + v_\theta\frac{x}{r} = -ar\frac{y}{r} + br\frac{x}{r} = bx - ay \\ \dot{z} = 2az \end{aligned} \tag{2.18}$$

(2.18)式和参考文献[3]中的伯格斯涡旋速度场(9.60)式基本一致。

(2.18)式说明,它既有形变场也有旋转场,即速度场可以写成两部分的叠加

$$\begin{cases} \dot{x}_1 = -ax \\ \dot{y}_1 = -ay \\ \dot{z}_1 = 2az \end{cases} \text{和} \begin{cases} \dot{x}_2 = -by \\ \dot{y}_2 = bx \\ \dot{z}_2 = 0 \end{cases} \tag{2.19}$$

(2.19)式的第一部分是变形场,也称无旋度、水平辐合的急流场,使云底诱发向下垂直速度不断增加,见图(2.6a)。

(2.19)式的第二部分是无三维散度(也无二维散度)的旋转场,见图(2.6b),两者叠加的结果便是漏斗状的龙卷风场,图(2.6c)。

以下考察看 (r,z) 平面上的结构。由(2.9)式引进流函数 ψ 得

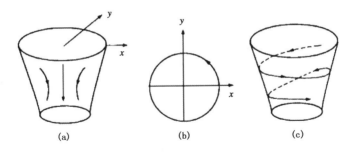

图 2.6　龙卷结构

(a)急流场；(b)旋转场；(c)漏斗状

$$rv_r = -\frac{\partial \psi}{\partial z}, rv_z = -\frac{\partial \psi}{\partial r} \qquad (2.20)$$

将(2.16)式代入(2.20)式很易求得

$$\psi = ar^2 z \qquad (2.21)$$

这又一次出现双曲线。由于 z 是向下的，所以流函数 ψ 形状如图 2.7 所示。

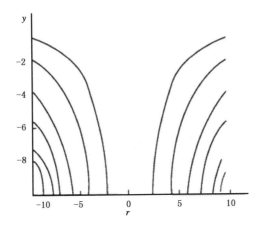

图 2.7　龙卷的流函数 ψ

　　和图 2.6 相似，z 轴和 r 轴仍是 ψ 的渐近线，不过现在由于 z 轴向下，所以漏斗状的大口在上，小口在下。如图 2.8 所示。

　　图 2.9 为穿过龙卷涡旋的雷达波束和分辨体积示意图。

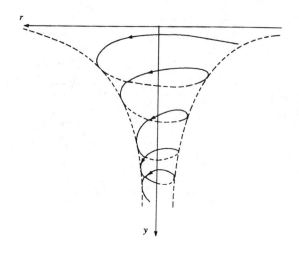

图 2.8　龙卷涡旋的螺旋结构

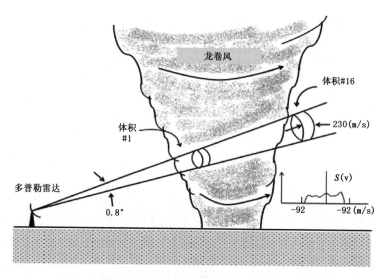

图 2.9　穿过龙卷涡旋的雷达波束和分辨体积示意图

参考文献

[1]　寿绍文.中尺度天气动力学[M].北京:气象出版社,1993.

[2]　田永祥,沈桐立,葛孝贞,等.数值天气预报教程[M].北京:气象出版社,1995:49-54.

[3]　刘式达,刘式适.大气涡旋动力学[M].北京:气象出版社,2011:233-236.

第 3 章　中气旋、龙卷的径向速度特征与产品

§3.1　中气旋、龙卷的径向速度特征[①]

天气雷达 PPI 探测大面积降水时,雷达处在 PPI 的中心,探测的是整个 PPI 上降水回波的径向速度,图 3.1 就是实际流场(a)、径向速度(b)、分析方法(c)示意图。

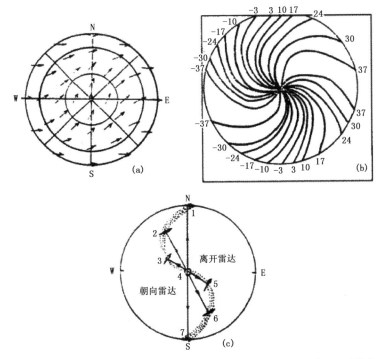

图 3.1　(a)环境风场的平面图:固定风速为 40n mile/h,风向在地面为南风(图像中心),均匀地经西南风变为图像边缘处的西风。(b)相应的单多普勒速度图像。(c)说明如何利用多普勒速度零值曲线来解释水平均匀流场的风向。(a)中的箭头长度正比于风速

---

① 引自布朗 R A,伍德 V T.多普勒风速图分析指南.气科院雷达组译.

PPI 探测大面积降水各种流场对应的径向速度图(可参阅 R. A. 布朗等的《多普勒风速图分析指南》)。

PPI 探测对流风暴的多普勒速度图时,雷达处在 PPI 的中心,风暴回波只取一个 50 km×50 km 的窗口内,窗口相对雷达的位置(包括距离与方位)是任意的。图 3.2 是窗口在雷达正北方向上的情况。

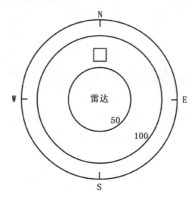

图 3.2　窗口在雷达正北方向上

下面专门讨论中气旋、龙卷的径向速度特征。

3.1.1　纯中气旋

(1)窗口内兰金模式流场(反气旋性流场)与对应的径向速度图(见图 3.3)

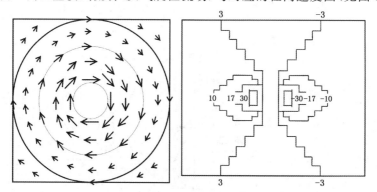

图 3.3　窗口内兰金模式流场与对应的径向速度

兰金模式:

$$V_t = C_1 r \qquad\qquad (r \leqslant r_0)$$
$$V_t = C_2/r \qquad\qquad (r > r_0)$$

$r = r_0$ 处的切线速度 V_t 最大,r_0 称为气旋核半径。C_1、C_2 为常数。

速度图像特征：正（负）速度中心离开雷达的距离相等，呈方位对称，中间有一条零速度线，负中心和负速度区在雷达探测方向的左侧，正中心和正速度区在雷达探测方向的右侧。见图 3.4。

图 3.5 是符合兰金模式的风场，但图 3.5 左图是风矢作反气旋式顺时针旋转的涡旋，右图是相应的多普勒速度图。

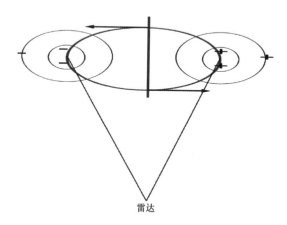

图 3.4　纯中气旋的径向速度图

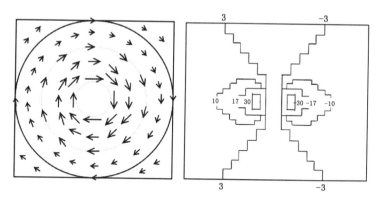

图 3.5　左图是一反气旋（顺时针）涡旋，距中心 2.5 海里处切向速度达峰值 40 海里/小时，右图是相应的普勒速度图像。箭头长度正比于风速。弯曲的流线代表了整体流场图像。负的多普勒速度值是朝向雷达而正值是离开雷达

（2）窗口内环流改为气旋性流场时与对应的径向速度图（见图 3.6）

（3）附加环境南风为 20 海里/小时时，气旋性流场与对应的径向速度图（见图 3.7）

（4）窗口靠近雷达时的中气旋

①窗口在雷达以北 10 海里（见图 3.8）

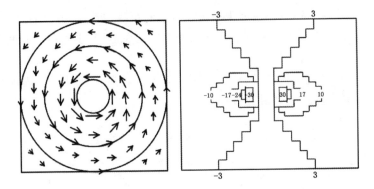

图 3.6　与图 3.5 相似,但环流改为气旋性的(反时针方向)

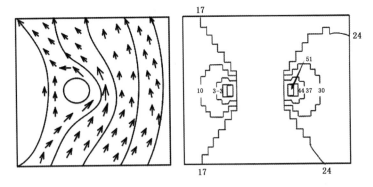

图 3.7　与图 3.6 相似,但附加了 20 海里/小时南风的环境风场。
注意涡旋左侧正的多普勒速度峰值已出现混淆

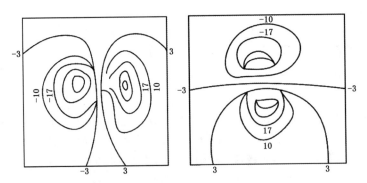

图 3.8　中尺度气旋(左图)和轴对称辐合(右图)的多普勒速度图像,气流特征中心
(在显示窗的中心)在雷达(靠近显示窗的中心底部与径向线相交处)以北 10 海里处。
核半径为 2.5 海里,速度峰值为 40 海里/小时。负的多普勒速度值表示
朝向雷达而正值表示离开雷达

②窗口在雷达以北 30 海里(见图 3.9)

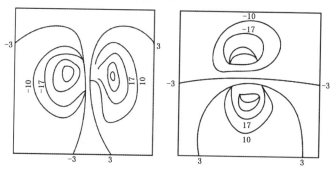

图 3.9　与图 3.8 相似,但雷达位于各个显示窗中心以南 30 海里处

3.1.2　窗口内为辐合辐散流场径向速度图

(1)窗口内为辐合流场与对应的径向速度图(见图 3.10)

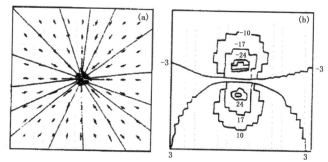

图 3.10　轴对称辐合气流(左图)及其对应的多普勒速度图像(右图)。
最大径向速度 40 海里/小时处于 2.5 海里的核半径处。箭头长度正比于风速,流线代表整
　个流场图像。负多普勒速度值表示朝向雷达的气流,而正值表示离开雷达的气流

(2)窗口内为辐散流场时与对应的径向速度图(见图 3.11)

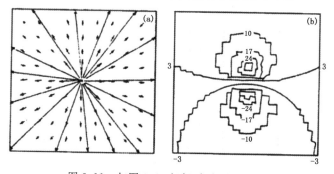

图 3.11　与图 3.10 相似,但气流为辐散

（3）窗口内为辐散流场附加环境南风为 20 海里/小时与对应的径向速度图（见图 3.12）

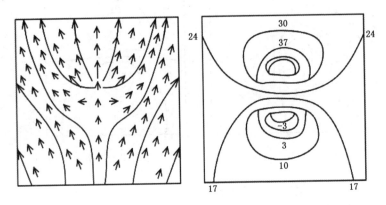

图 3.12　与图 3.11 相似，但附加了 20 海里/小时南风的环境风场。
注意图像上侧正的多普勒速度峰值已出现混淆

3.1.3　从四个不同方向看中尺度气旋和辐散图像

（1）从四个不同方向看中尺度气旋图像（图 3.13）

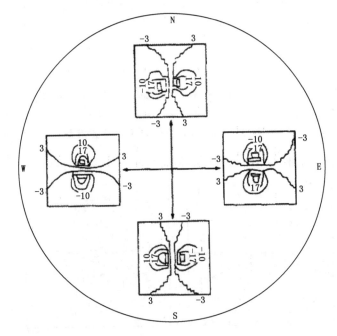

图 3.13　从雷达（位于中心）四个不同方位看的中尺度气旋的多普勒图像

（2）从四个不同方向看辐散图像（图 3.14）

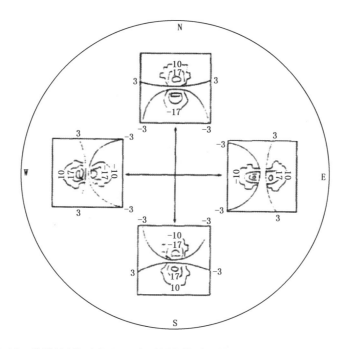

图 3.14　从雷达（位于中心）四个不同方位看的轴对称辐散气流的多普勒图像

3.1.4　在辐合流场内的中气旋

（1）辐合流场内的中气旋，核半径 2.5 海里，最大旋转速度 28.3 海里/小时（图 3.15）

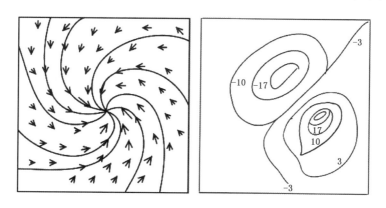

图 3.15　左图是辐合型气旋，核半径是相同的（2.5 海里），最大流入速度等于
最大旋转速度（28.3 海里/小时），右图是相应的多普勒速度图像。
箭头长度正比于速度，弯曲流线代表整体流场图像

(2)辐合流场内的中气旋(与图 3.15 相似),雷达位于窗口以南 30 海里处(图 3.16)

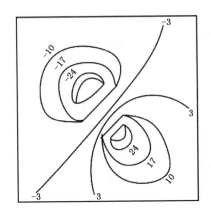

图 3.16 辐合流场内的中气旋(与图 3.15 相似),
雷达位于窗口以南 30 海里处

(3)辐合流场内的中气旋(与图 3.15 相似),雷达位于窗口以南 65 海里处(图 3.17)

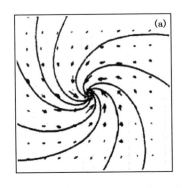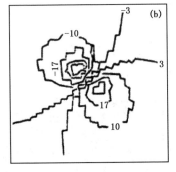

图 3.17 与图 3.15 相似,但雷达位于显示窗中心以南 65 海里处

(4)中小尺度气旋、反气旋、辐合、辐散运动相结合的速度回波特征(图 3.18)

由上可见,有以下结合确定正、负径向速度区的规则:

①气旋性辐合,左与上象限内为负径向速度,结合起来后负径向速度区在左上方,而右与下象限内内为正径向速度,结合起来后正径向速度区在右下方(如图 3.18a)。

②反气旋性辐散,左与上象限内为正径向速度,结合起来后正径向速度区在左上方,而右与下象限内为负径向速度,结合起来后负径向速度区在右下方(图

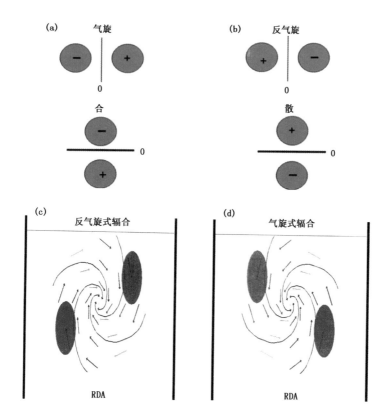

图 3.18 气旋、反气旋、辐合、辐散运动相结合的速度回波特征

3.18b)。

③反气旋性辐合,左与下象限内为正径向速度,结合起来后正径向速度区在左下象限内,而右与上象限内为负径向速度,结合起来后负径向速度区在右上方(如图 3.18c 所示)。

3.1.5 在辐散流场内的中气旋

(1)辐散流场内的中气旋,与图 3.15 相似,但流场为辐散型(图 3.19)

(2)辐散流场内的中气旋,与图 3.17 相似,但气旋范围变小,强度增大(图 3.20)

(3)辐散流场内的中气旋,与图 3.20 相似,但切向峰值速度变小,核半径变大(图 3.21)

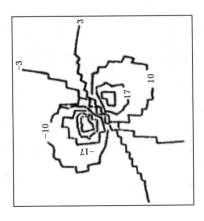

图 3.19　与图 3.16 相似,但气流场改为辐散型气旋

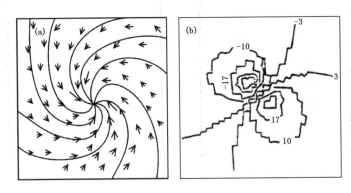

图 3.20　与图 3.15 相似,但气旋范围变小,强度增大。(气旋的切向速度峰值＝40 海里/小时,
核半径＝1.25 海里;辐合场的径向速度峰值＝20 海里/小时,核半径＝2.5 海里)

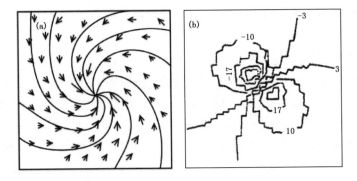

图 3.21　与图 3.20 相似,但辐合范围变小,强度增大。(辐合场的径向速度峰值＝40 海里/小时,
核半径＝1.25 海里;气旋的切向速度峰值＝20 海里/小时,核半径＝2.5 海里)

3.1.6　龙卷的 TVS 特征及出现在中气旋中的位置

几乎所有典型龙卷都生成于一个已存在的中尺度气旋之中,而且主要发生在气旋核区内。除了最大的和最强的龙卷外,其他龙卷都小于雷达波束宽度,因此,龙卷的切向速度在雷达波束内被完全平滑掉了,相应的龙卷涡旋特征的多普勒速度不能反映出龙卷的范围和大小,只能反映出两者的某些不确切的组合(参见Brown etal.,1978)。TVS 一个不变的特征就是朝向和离开雷达的速度峰值正好相距一个波束宽度。

(1)一个处于中气旋中心处的强 TVS(图 3.22)

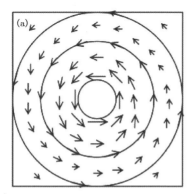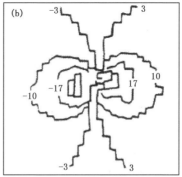

图 3.22　处于一中气旋(峰值速度＝30 海里/小时,核半径＝2.5 海里)中心的 TVS
(峰值速度＝60 海里/小时,核半径＝0.5 海里)及其相对应的多普勒速度图像(右图)。
雷达波束(方位 0.0°)的中心正好在环流中心。箭头长度正比于速度,弯曲流线代表
整体流场图像。负多普勒速度值表示朝向雷达的气流,而正值表示离开雷达的气流

(2)与图 3.22 相似,但中气旋环流场朝显示窗中心右移半个波束宽度(图 3.23)

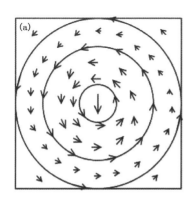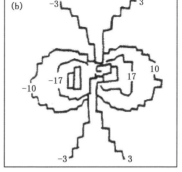

图 3.23　与图 3.22 相似,但环流场朝显示窗中心(雷达波束中心)
的右边移半个波束宽度(0.5°)

(3)与图 3.22 相似,但 TVS 在中气旋中心的东北 2.5 海里处(图 3.24)

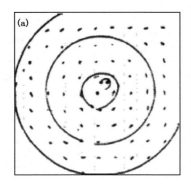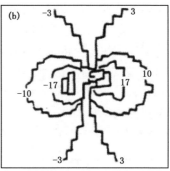

图 3.24　与图 3.22 相似,但 TVS 改为位于中气旋中心东北 2.5 海里

§3.2　中气旋(M)与龙卷气旋(TVS)产品

3.2.1　中气旋的算法的定义

在北半球中气旋具有螺旋上升气流的三维结构,其水平流场可用 Rankine 模式近似,根据其水平流场的这一特点,新一代天气雷达系统的中气旋算法软件在每个仰角平面内,对平均径向速度进行扫描,找出直径在 $2\sim10km$ 范围内满足下列条件的定义为中气旋:

(1)在同一距离圈上,平均径向速度顺时针方向连续增大;

(2)在连续的(即不同半径的)距离圈上都具有上述(1)的特征;

(3)在此范围内找到最大入流速度 V_{in} 和最大出流速度 V_{out}。定义最大入流速度和最大出流速度之间的距离为 R。定义角动量和切变:

角动量=$(|V_{in}|+|V_{out}|)\times R$

切变=$(|V_{in}|+|V_{out}|)/R$

若角动量和切变的值通过雷达系统中气旋算法的阈值检验,则中气旋的二维特征被认定。

(4)若在同一位置两个或两个以上仰角平面内都具有中气旋的二维特征,并且通过对称性检验,则三维的中气旋被认定。

3.2.1.1　雷达系统给出中气旋产品(M-60)

中气旋为一"涡旋"并具有切变特征,但具有切变特征不一定就是中气旋,切变被分成三类:非相关切变(足够大,对称,但垂直不相关)、三维相关切变(垂直相关,但不对称)、中尺度气旋(足够大,垂直相关且对称)。

3.2.1.2　兰金模式对应的径向速度示意图(图 3.25)

兰金模式的数学公式及其相应的径向速度图在前面 3.1.1 节及图 3.4 中已经给出,图 3.25 中左图给出了兰金模式风矢分布,右图给出了对应的径向速度彩色图像。

兰金模式对应的径向速度图像特征:正(负)速度中心离开雷达的距离相等,呈方位对称,中间有一条零速度线,负中心和负速度区在雷达探测方向的左侧,正中心和正速度区在雷达探测方向的右侧,见图 3.25(图 3.25 左图中间圆圈的半径即为 r_0)。

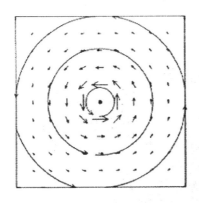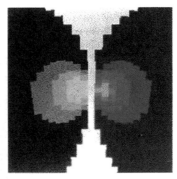

图 3.25　兰金模式风矢分布与对应的径向速度图像特征

中气旋的速度特征经常受到大尺度环境风的影响,而且不同环境风向影响中气旋特征的情况不同。

分析思路:判断环境风在中气旋处产生的多普勒速度是正还是负,把这个多普勒速度再叠加上中尺度气旋的速度特征上。从而得到混合风场的中气旋特征。

3.2.1.3　环境风对特征的影响

①环境南风对特征的影响

由于环境南风在中尺度气旋处产生的多普勒速度为正,导致正中心及正速度区的值加大,负中心及负速度区的值减小,中间的零线消失,代之以南风在该处产生的多普勒速度值的等值线。见图 3.26。

②受环境辐散气流影响

表现为当一对正、负径向速度中心距 RDA 不等距离、也不在同一雷达径向时,负速度中心靠近雷达时为气旋性辐散,如图 3.27 所示。

3.2.1.4　风暴相对径向速度(SRM)产品(图 3.28)

中气旋流场由最大正负速度中心组成,如果负速度中心比正速度中心距离雷达较远,则是气旋性辐合流场,反之,则是气旋性辐散流场,从图中可见中气旋流场

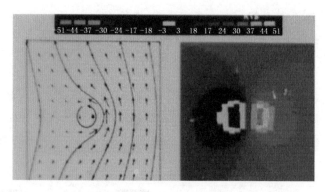

图 3.26　受环境南风影响的中尺度气旋速度图像

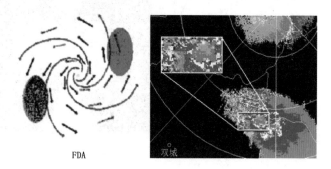

图 3.27　受环境辐散气流影响的气旋式辐散图,左图是辐散性气旋仿真图,
右图是雷达探测到的图像

在垂直方向上的结构,低层为气旋性辐合,中层为气旋性流场,中高层为气旋性辐散,高层为辐散性流场。

3.2.1.5　中气旋空间演变

研究表明,风暴中中气旋的产生,最初常在风暴的中部,但也有从风暴底层初生而逐步加强并发展到风暴中心的。但 2002 年 9 月 27 日发生在山东省境内的一次风暴中的中气旋就是由低层生成,逐渐向中层发展增强的(图 3.29)。

3.2.1.6　中气旋产品应用

应用研究表明,探测到风暴中出现持续的中气旋,可判断为超级单体风暴,必定产生雷雨大风、冰雹、甚至龙卷天气。

3.2.1.7　双线偏振雷达探测龙卷涡旋的特征

探测龙卷的更有效手段是采用双线偏振雷达,双线偏振雷达都具有多普勒功能,不仅能获取回波强度 Z、径向速度 V_r 和速度谱宽 W,还能够得到差分反射率 Z_{dr} 和相关系数 ρ_{hv} 等参量。龙卷气团周围可能是降雨区,龙卷气团的下部是抽吸

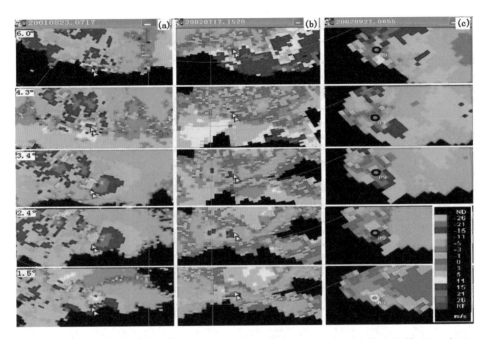

图 3.28　图(a)、图(b)和图(c)分别为 2001 年 8 月 23 日 07:39 山东博山风暴、2002 年 7
月 17 日 23:20 肥城风暴和 2002 年 9 月 27 日 14:55 东阿风暴中的风暴相对径向速度
(SRM)产品,自下至上各产品的仰角分别为 1.5°、2.4°、3.4°、4.3°、6.0°。图右下角的色标
为速度的标尺,负速度表示朝向雷达,正速度表示离开雷达。每幅产品图中的双箭头指向
中气旋核附近的位置,小圆圈为叠加在 SRM 产品上的中气旋产品。图(c)中 2.4°、3.4°、
6.0°产品中负速度区中的正速度是速度模糊区,此处负速度大于 26m · s^{-1}。图(a)是
CINRAD/SC 的体扫数据,用敏视达的产品生成程序回放得到

到空中的垃圾(尘埃、杂草、树叶、纸片和塑料等),垃圾"粒子"在空中的姿态受旋转
风和上升风的影响,取向多变,因而 Z_{dr} 不会大,而周围雨滴区的 Z_{dr} 较大,形成了龙
卷区的 Z_{dr} 盆地(Z_{dr} 低值)。降水粒子的相关系数 ρ_{hv} 比较大,一般都在 0.85 以上,
但龙卷区垃圾的相关系数 ρ_{hv} 比较小,一般在 0.5 左右,明显低于雨区的相关系数。
所以龙卷区会出现 Z_{dr} 和相关系数 ρ_{hv} 的盆地现象,这个现象比较明显。一旦出现
了相关系数的盆地现象,肯定是龙卷抽吸到空中的垃圾造成的,地面百分之百有龙
卷,这正是双偏振雷达探测龙卷的优势。相比较而言,相关系数低值要比差分反射
率低值更明显(图 3.30)。因此,目前的文献中,多采用双偏振天气雷达的相关系
数低值现象进行龙卷识别,简称为 TDS(tornado debris signature—龙卷碎片特
征)。

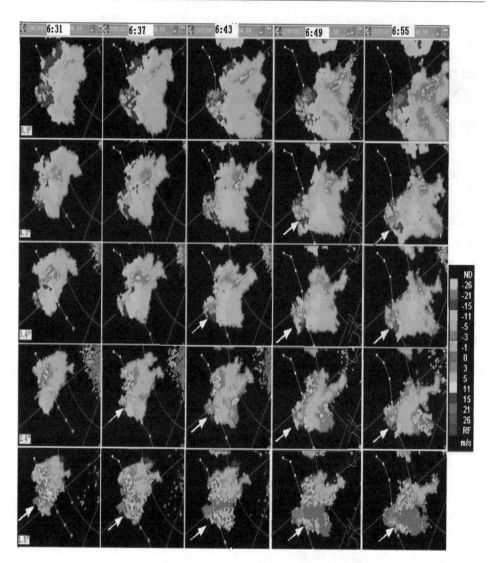

图 3.29　2002 年 9 月 27 日发生在山东省境内的一次风暴中的
中气旋就是由低层生成,逐渐向中层发展增强

　　龙卷的不同阶段,风速和直径也是不同的,图 3.31 展现了初期龙卷很小,相关系数低值与龙卷位置的对应关系不好,也难以看出龙卷的直径。在龙卷的成熟阶段,龙卷直径著增大,途中达到 1.3 英里(2.1km),相关系数的盆地现象非常明显,容易辨认,相关系数图像上给出的旋转直径大于地面的龙卷直径,因为龙卷是"漏斗状",上部的直径大于下部的直径。在消散阶段,地面已经没有明显的旋转气

图 3.30　龙卷区的相关系数 CC（即 ρ_{hv}）更显著（其他参量分别是雷达反射率因子 Z—回波强度，相对速度 SRM，差分反射率 Z_{dr}）

流，高空的旋转气流也已停止，但相关系数图仍然呈现低值，看不出龙卷时的圆形边界，说明空中还有"垃圾"，但不是旋转抽吸的原因，而是系统前沿的地面上升气流的"携带作用"所致，一方面携带了地面垃圾，另一方面吹走了雨滴，形成"垃圾"的相关系数相近的低值区，低值区的形状与上升气流的空间分布有关。

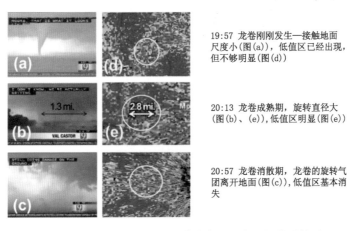

19:57 龙卷刚刚发生—接触地面尺度小（图(a)），低值区已经出现，但不够明显（图(d)）

20:13 龙卷成熟期，旋转直径大（图(b)、(e)），低值区明显（图(e)）

20:57 龙卷消散期，龙卷的旋转气团离开地面（图(c)），低值区基本消失

图 3.31　龙卷不同阶段、不同旋转直径对应的相关系数图

3.2.2 龙卷涡旋产品标志、定义与算法

TVS 产品编号为 61,用红色倒三角表示,如图 3.32a 中双箭头位置所示;TVS 的属性文本产品如图 3.32c 所示,其内容包括 TVS 的编号 ID、TVS 的位置、平均速度差、最低层速度差、最大速度差及其所在高度、TVS 的厚度、TVS 的底和顶的高度、最大切变量及其所在高度等信息。TVS 的三角符号可以叠加在其他 PPI 产品上。图 3.32b 是 TVS 叠加在反射率因子产品上,图 3.32d 是 TVS 产品叠加在平均径向速度产品上。

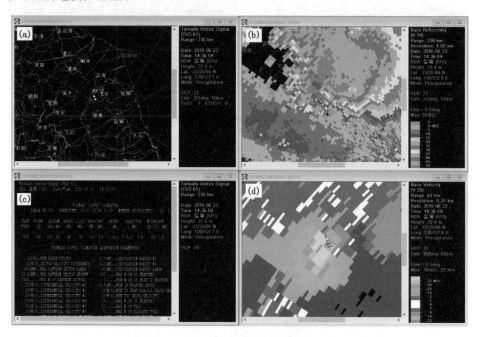

图 3.32　TVS 的标志和属性文本产品

3.2.3 龙卷按风速分级

(1)龙卷的灾害性主要是风灾,根据最大风速的大小,Fujita 将龙卷划分为 EF0~EF5,共 6 级,见表 3.1。

表 3.1　龙卷分级表

级别	风速 (m/s)	风速 (km/h)	该级别龙卷的比例	灾害程度
EF0	29~37	105~137	56.88%	轻灾或无灾害,房顶被掀、简易房损坏、树枝折断、浅根树被拔起

级别	风速 (m/s)	风速 (km/h)	该级别龙卷的比例	灾害程度
EF1	38~49	138~177	31.07%	中等灾害,屋顶被严重吹翻、简易房被吹倒或严重受损、门窗被风吹走、窗户损坏、玻璃破碎
EF2	50~60	178~217	8.80%	显著灾害,牢固的房顶也被吹翻、屋墙倒塌、简易房彻底损毁,大树折断或吹倒,轻小的物体漫天飞舞、小车被吹翻
EF3	61~73	218~266	2.51%	重灾,牢固房屋全面受损,大型建筑物如商场严重受损、火车被吹翻、树木折断、载重汽车被吹倒
EF4	74~90	267~322	0.66%	重大灾害,房屋倒塌、汽车被吹倒或吹跑到别处、轻小物体漫天飞舞
EF5	>90	>322	低于0.08%	毁灭性灾害,砖墙房屋也被夷为平地,钢和混凝土结构的房子严重受损,高大建筑物倒塌

（2）龙卷强度等级的判别

龙卷的强度判别。根据雷达的回波特征识别出龙卷后,可以从两个方面判别龙卷的强度:①根据最大径向速度情况判别龙卷的级别,旋转风速越大,龙卷越强。旋转风速达到 25m/s 时,需要进行龙卷预警;如果风速达到 36m/s 时,则是强龙卷级别了,会造成中等程度的灾害;如果风速达到 41m/s,则应该发布灾害性龙卷预警,其破坏力达到 EF2 级别,将带来严重灾害。②根据相关系数低值的高度判别,相关系数低值的空间高度越高,说明垃圾上升的高度越高,地面层的上升气流越大,因而龙卷的旋转气流越快,龙卷越强。如果达到 2.5km 的高度,则应当发布龙卷信息;如果达到 4.5km 的高度,则成为破坏力达到 EF1 级别的龙卷;如果达到 6km 高度,则为 EF2 级别的灾害性龙卷。

我国是龙卷多发地区,加强龙卷的探测和预警技术研究相对容易,更难的是如何预报对流系统是否会发生龙卷、在哪里发生,可能有多大的破坏力。

3.2.4　龙卷的预测方法

3.2.4.1　从回波形态上进行初步判断

龙卷常出现在中气旋上,但也可以有龙卷而无中气旋。龙卷是比中气旋更小更强的涡管。因此,应从预测是否会形成更小更强的涡管去考虑。

中尺度对流系统如飑线、弓状回波、超级单体都可能产生龙卷,但飑线和弓状回波系统只能产生灾害程度不大的弱龙卷,只有超级单体才能产生强龙卷,因为超级单体的旋转上升气流有利于龙卷的产生和发展。因此,利用雷达探测龙卷时,首先可从回波形态上进行初步判断,如果回波的空间分布呈现为无组织的单体雷暴、多核雷暴,则不会产生龙卷;如果回波的空间分布呈现为飑线状、弓状或超级单体,则产生龙卷的概率很大,特别是超级单体,产生较强龙卷的概率更大。

3.2.4.2　雷达探测龙卷要注意的一些问题

我国地域辽阔,地形复杂、气候差异大,每年都要发生多起龙卷。根据龙卷形成于强雷暴系统、并具有强旋转风等特点,可以利用多普勒雷达和双偏振雷达进行龙卷涡旋探测。要注意的是,龙卷在近地面的空间尺度小、仅几十米或100m,伸展高度低,如果距雷达较远,由于雷达波束展宽以及地球曲面效应,导致雷达的照射体积大、波束高度高,龙卷气旋可能只占照射体积的很小部分,或者龙卷位于雷达波束以下的高度,使得雷达难以探测龙卷。一般通过 TVS(tornadic vortex signature)的位置,可推测龙卷可能发生的地点。但 TVS 尺度也很小,只有距雷达中心较近的区域才能被观测到,并且观测到 TVS 不一定地面出现龙卷,可能只有强旋转风。此外,龙卷的生消速度快,对于生命史短暂的龙卷,雷达也难以探测,因为业务天气雷达约 6 分钟的扫描周期可能比一些弱龙卷的寿命还要长。

龙卷是旋转型气团,在多普勒雷达的径向速度图像上可能会出现类似"八卦"图像的"正负速度对",即"龙卷涡旋特征"。如果在径向速度图上发现 TVS,很可能有龙卷;如果 TVS 不显著,可使用产品 SRM(相对速度 storm relative motion),SRM 产品上的 TVS 要比径向速度图的 TVS 显著。此外,还可以根据中气旋(mesocyclone)情况进行探测。美国的 WSR-88D 以及我国的新一代天气雷达系统中集成了中气旋探测算法和产品,如果发现有中气旋,则出现龙卷的可能性很大。

龙卷是具有快速旋转特性的气团,距中心的某个距离处的旋转速度最大,不少学者认为这个旋转速度与兰金模型接近。假设最大速度 $V_{\max}$ 与龙卷中心的距离是 $R_{\max}$,在距离龙卷中心的 r 处的旋转线速度 V 可表示为:

$$V(r) = V_{\max} \left(\frac{r}{R_{\max}} \right)^x \quad (r < R_{\max}) \tag{3.1}$$

$$V(r) = V_{\max} \left(\frac{R_{\max}}{r} \right)^x \quad (r > R_{\max}) \tag{3.2}$$

式中,指数 x 是经验常数,不少文献中将 x 设为 1。

既然龙卷的下部是旋转型气团,因而可以利用 3km 以下高度层的旋转速度随方位切变的情况估测龙卷,切变越强,发生强龙卷的可能性越大,图 3.33 是美国 76 个例的统计情况。这个算法与中气旋的探测算法相似,只有当切变比较大时,才是龙卷,否则只是弱切变风场。

龙卷的回波强度特征不如径向速度特征明显,因此,通过回波强度不易识别出龙卷,但含有龙卷的超级单体回波特征比较容易辨认,PPI 图像上常具有钩状回

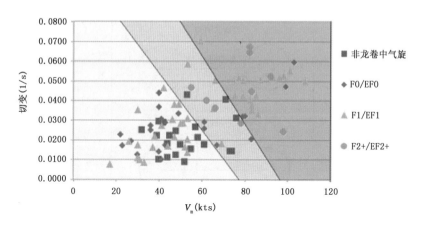

图 3.33　美国东北部 76 个龙卷个例统计结果,横坐标表示正负速度差
(单位,节/s,注意:1 节/s＝0.514m/s),纵坐标表示切变($S＝V/D$,V 表示最大旋转线速度,
m/s,D 表示最大速度对应的直径,单位:m)

波,龙卷就出现在钩尖处对应的地面位置。

3.2.5　钩状及指状回波是怎样形成的[1]

3.2.5.1　钩状回波的成因

钩状回波是超级单体风暴的一个主要特征,而超级单体一般都产生冰雹天气,有时甚至还出现龙卷。钩状回波都在冰雹云回波主体的右后侧。钩状回波的左侧是弱回波区,这里是冰雹云中的强上升气流在低层进入的地方。在钩的部位,往往是强回波中心,这里是云中主要的大粒子降落区,由于钩的尺度一般是几千米到十几千米,所以这里的回波强度梯度也特别大。以云体中下部,尤其在云底附近钩的特征最清楚。

Fujita 曾经提出过一个钩状回波的形成机制。当雷暴周围的辐合把近地面大气集中到一个小区或内,并通过上升气流向上输送时,上升气流可能具有明显的旋转特征,并与下层大气中的绝对涡度具有相同的符号。在这种有利条件下,旋转的上升气流具有明显的环流特征,它可以是气旋式的,也可以是反气旋式的,但气旋式的占多数。

若具有环流 Γ 的旋转上升气流(图 3.34 中旋转小圆部分),被大量云层回波所包围,云层的环流忽略不计,整个云体受环境风引导,这时就可把旋转上升气流看成是:

①由于旋转上升气流中的云滴来不及增长,而且由于上升气流强,云中其他部位长大的粒子也落不到这里,所以旋转上升气流的中心大致是无回波的。这个无

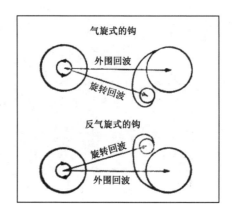

图 3.34　钩状回波形成示意图

回波区在 PPI 上具有"眼"的特征；

②旋转上升气流的"眼墙"回波是水凝体产生的，是叠加在低层的强上升气流上的一个明显的水平环流；

③上升气流的最外缘受到周围环境气流的影响，环境气流随高度可以变化，但垂直运动极小。

由于马格纳斯(Magnus)效应[①]，假设密度为 ρ 的理想流体中有一个实心旋转圆柱体，均匀的气流速度为 u，旋转圆柱体承受的力为 F，$F=\rho u \Gamma$，则式中 Γ 是围绕圆柱体的环流。如果环流是气旋式的，则 Γ 为正。一个旋转的云核虽不是实心的圆柱体，但由于低层不断有辐合空气供给，我们可以近似地把它看作是一个旋转圆柱体，在它周围诱生一个环流，而把环境气流看作是具有均匀流速的理想流体。

如图 3.35 所示，旋转的上升气流的眼墙周围的回波随着环境气流而移动，但眼墙回波由于受到马格纳斯力的作用，在移动中偏离了气流的方向，当它移出主体回波时，钩状回波就形成了。

多普勒雷达观测到的强烈冰雹云中的气流特征说明，在超级单体中，主上升气流确实是旋转的，如图 3.35 所示，环境气流 A 被迫绕过热力上升气流形成旋转涡旋 C、D 和 E，有些环境气流(如 B)在中尺度气旋或积雨云南部形成下沉气流。

---

①　注：当一个旋转的圆柱体处于均匀运动的流体中，并且圆柱体的轴垂直于流体运动方向时，在圆柱体周围就有环流产生，与流体运动方向相同的一侧速度将增加，而与流体运动方向相反的一侧速度将减慢。按照伯努里定律(假定流体不可压缩，有 $p+\dfrac{\rho v^2}{2}=$ 常数)，速度快的一侧压力减小，速度慢的一侧压力增加。这样，圆柱体上就受到一个垂直于圆柱体的轴和流动方向、指向速度增加一侧的力，这个力就叫马格纳斯力，这种现象称为马格纳斯效应

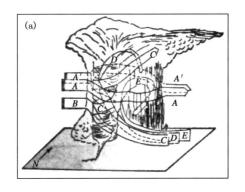
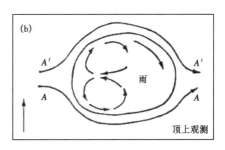

图 3.35　双多普勒雷达测定的强雷暴内部结构示意图

3.2.5.2　指状回波的成因

指状回波是指冰雹云边缘(多位于后缘)上出现的手指状突起。由于对流云回波的边缘总有一些凹凸不平的形态,我们所谓的指状回波,必须是经衰减后仍是强回波区的指状形态。图 3.36 是指状回波的一个例子。在指状回波部位及指根处回波强度和强度梯度最大,地面降雹一般就在这些部位。

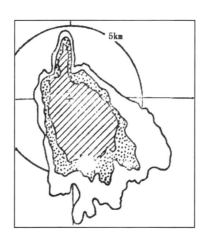

图 3.36　指状回波

图 3.37 是指状回波的另一个例子。由图 3.37a 可见,在 70km×30km 的主体回波西南端,有一个约 15km 长,7km 宽的指状回波,它是由一小块回波单体并入主回波后形成的。在 17 时 15 分,主回波 A 的西南侧新生一块小而强的回波 B,这块 5 分钟前还没有的小回波在 15 分钟后与 A 完全合并并成为指形,地面随即出

现毁灭性的降雹。

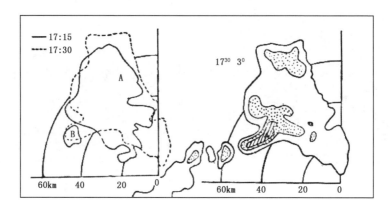

图 3.37　指状回波,(a)是回波廓线,(b)是强度分布

从指状回波的形成过程中可以看到,它常常由一、二块尺度小但强度强、发展快的单体并入原先存在的大单体后形成的,图 3.38 是这种形成过程的示意图。成熟母云 P 的下沉气流激起的新单体 A、B 发展并与 P 合并,形成指状突起,而母云 P 将先减弱消散。这也许是一种快速的不连续传播过程。

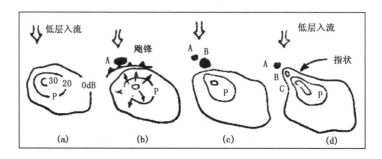

图 3.38　指状回波形成示意图

§3.3　龙卷气涡回波在双线偏振多普勒天气雷达上的特征[2]

探测龙卷的更有效手段是采用双线偏振雷达,其理由如前面 3.2.8 所述。

3.3.1　钩状回波及其示意图(图 3.39—图 3.40)

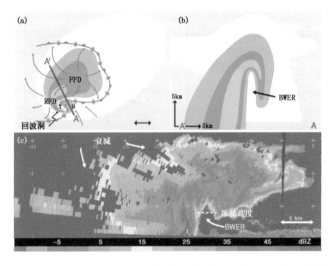

图 3.39　钩状回波,PPI 示意图(a)其中红线 A′A 是做 RHI 图(b)的剖面线,
它通过钩状回波区,图(c)是实际的 RHI 回波强度图

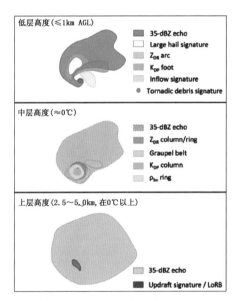

图 3.40　双偏振雷达探测不同高度上超级单体特征示意图

图 3.40 中的英文说明如下:echo—回波,large hail signature—大冰雹标注,arc—弧,foot—底部,
inflow signature —入流标注,tornadic debris signature—龙卷碎片标注,column /ring—柱/环,
graupel belt—霰带,updraft signature—上升气流标注。

3.3.2 双线偏振多普勒天气雷达探测龙卷个例图(图 3.41—3.42)

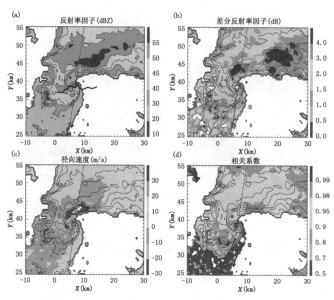

图 3.41 探测龙卷的 PPI 图。图中细直线是做 RHI 的剖面,它通过钩状回波区。
图(a)是 Z_{hh},图(b)是 Z_{dr},图(c)是 V_r,图(d)是 CC

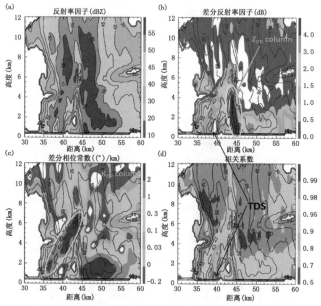

图 3.42 探测龙卷的 RHI 图。图(a)是 Z_{hh},图(b)是 Z_{dr},
图(c)是 K_{dp},图(d)是 CC

3.3.3　X 波段双线偏振雷达探测龙卷碎片特征(图 3.43)

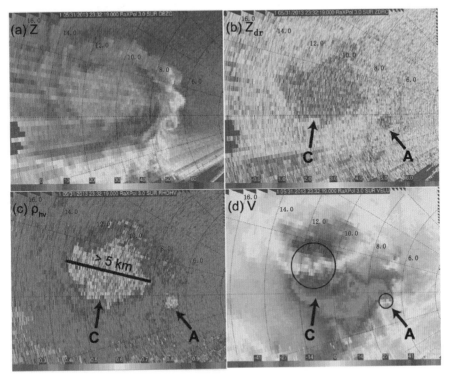

图 3.43　X 波段雷达的龙卷碎片(debris)特征。图(a)是 Z_{hh},图(b)是 Z_{dr},
图(c)是 CC,图(d)是 V_r

3.3.4　PPI 上 Z_{dr} arc(弧)(图 3.44)

图 3.44 PPI 上 Z_{dr} arc(弧),它可反映风暴相对螺旋度与旋转情况。四幅图表示在不同 X 与 Y 范围内 Z_{dr} 的分布情况。

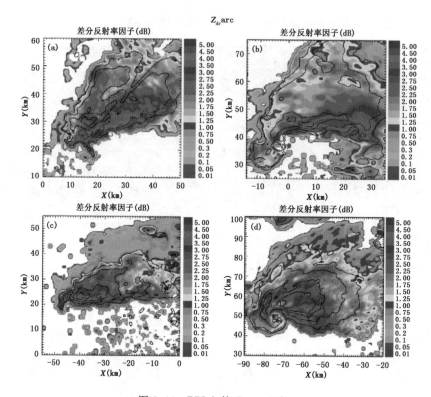

图 3.44　PPI 上的 Z_{dr} arc(弧)

3.3.5　建立自动探测龙卷算法的参数(图 3.45)

当存在风切变时,根据双线偏振多普勒雷达探测到图 3.45 中各双线偏振参数,可以建立自动探测龙卷的算法。

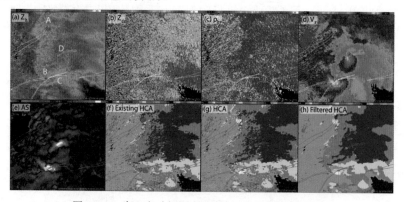

图 3.45　建立自动探测龙卷算法的双偏振雷达参数

3.3.6　识别龙卷碎片的双偏振参数个例图(图 3.46)

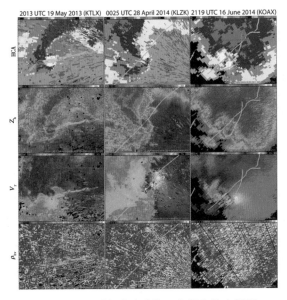

图 3.46　识别龙卷碎片的双偏振参数个例图

3.3.7　强龙卷事件中龙卷碎片的轨迹图(图 3.47)

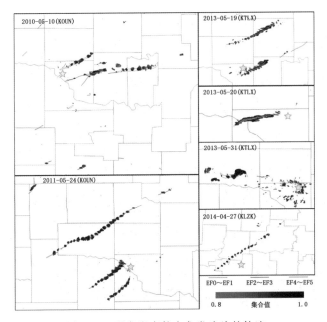

图 3.47　强龙卷事件中龙卷碎片的轨迹

3.3.8　辐合上升气流产生 Z_{dr} 柱(图 3.48)

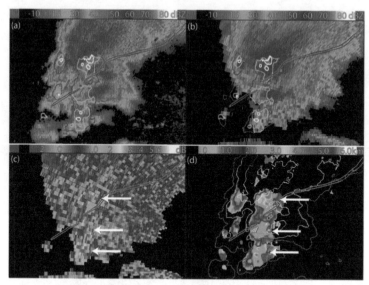

图 3.48　辐合上升气流产生 Z_{dr} 柱,图(a)是 $0.5°$ 仰角的 Z_{hh} 值,图(b)是 $4.0°$ 仰角的 Z_{hh} 值,图(c)是 $4.0°$ 仰角的 Z_{dr} 值,图(d)是 Z_{dr} 柱的高度

3.3.9　$0.5°$ 仰角的 PPI 上 Z_{hh} 值与 Z_{dr} 柱高度的时间序列(图 3.49)

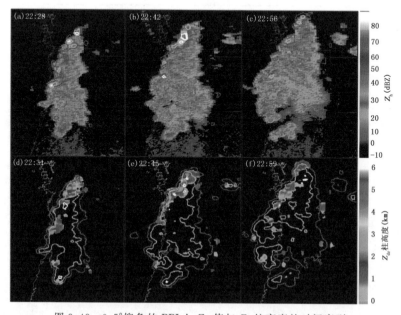

图 3.49　$0.5°$ 仰角的 PPI 上 Z_{hh} 值与 Z_{dr} 柱高度的时间序列

3.3.10　双线偏振雷达探测超级风暴时的偏振参数分布仿真

图 3.50 是 1999 年 5 月 3 日美国 Oklahoma 中部的灾害性龙卷的超级单体 PPI 回波[3],图(a1)是 1km 高度上的回波特征,35dBZ 的等值线是超级单体的范围,红色是 TDS,在钩状回波的末梢处;绿色是入流,对应着低层入流;粉红色是 Z_{dr} 弧,紫色是冰雹区;图(b1)也是 1km 高度上超级单体 35dBZ 的等值线,红色三角形是龙卷发生的位置,红色的 UD(up draft)是上升气流区,紫色的 FFD 是前悬回波区,RFD 是后侧的下沉气流区。图(c1)是 5km 高度上超级单体特征,粉红色是 Z_{dr} 柱,棕色是 Z_{dr} 环,绿色是 K_{dp} 柱,紫色是相关系数 ρ_{hv} 的环,WER 是弱回波区。

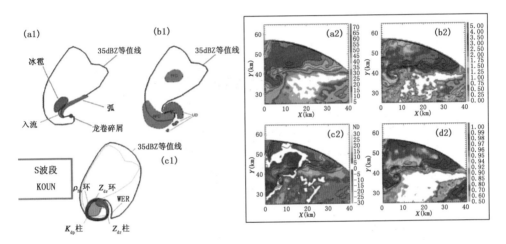

图 3.50　左图是仿真的超级风暴偏振变量分布,(a1)低层 1km 处的偏振变量,(b1)垂直速度,(c1)中层 5km 处偏振变量。UD－上升气流,FFD－下沉气流,RFD－右侧下曳气流。右图是真实的超级风暴偏振变量分布图,(a2)是 Z_{hh} 图,(b2)是 Z_{dr} 图,(c2)是 V_r 图,(d2)是 CC 图

3.3.11　龙卷与龙卷碎片图例(图 3.51)

在反射率图像和 SRM 图像中由白色圈圈指出的四个同时发生的龙卷。显示抬升碎片的 CC 减少的那部分,要注意将其与每幅图像配合分析。

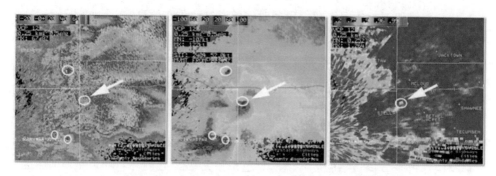

图 3.51　反射率图像(左),SRM 图像(中间)和 CC 图像(右)

3.3.12　用 CC 识别龙卷更显著的图例(图 3.52)

图 3.52　龙卷区的相关系数 CC(即 ρ_{hv})更显著,其他参量分别是雷达
反射率因子 Z,相对速度 SRM,差分反射率 Z_{dr}

3.3.13　双线偏振多普勒天气雷达探测超级单体时各偏振参数分布仿真图(图 3.53)

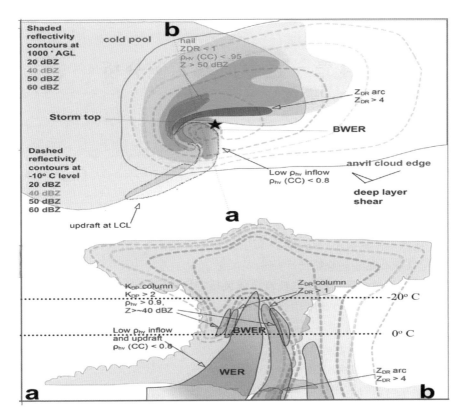

图 3.53　双线偏振多普勒天气雷达探测超级单体时各偏振参数分布仿真图

图 3.53 中的英中文对照:Cold pool—冷池,shaded—阴影,contours—廓线,anvit cloud edge—云砧边缘,deep layer shear—深层切变,low ρ_{hv} inflow—低 ρ_{hv} 入流,storm top—风暴顶。

参考文献

[1]　张培昌,杜秉玉,戴铁丕.雷达气象学[M].北京:气象出版社,2001.

[2]　张培昌,魏鸣,等.双线偏振多普勒天气雷达原理与应用[M].北京:气象出版社,2017.

[3]　Ryzhkov A V,Burgess D,Zrnic'D,et al. Polarimetric analysis of a 3 May 1999 tornado [R]. Preprints,22nd Conf. on Severe Local Storms, Hyannis, MA, Amer Meteor Soc, 14.2.2002.〔Available online at http://ams.confex.com/ams/pdfpapers/47348.pdf〕.

第 4 章　龙卷风暴实例分析①

§4.1　2016 年 6 月 23 日江苏阜宁特强龙卷超级单体风暴

4.1.1　雷达产品特征初步分析

　　(1)风暴单体生命史长达 8h,从初生到龙卷发生经过了 5h,龙卷发生前雷达系统给出中气旋和龙卷涡旋特征产品;

　　(2)反射率因子具有典型的超级单体风暴特征;

　　(3)65dBZ 的强中心高度达到 13km,出现 BWER;

　　(4)回波顶高达到 18~20km;

　　(5)VIL 达到 70kg/m² 以上;

　　(6)出现旁瓣回波和三体散射;

　　(7)龙卷风暴的演变过程清晰;

　　(8)具有龙卷涡旋特征和进行速度退模糊。

4.1.2　超级单体风暴超长的生命史

　　风暴单体生命史长,依据淮安雷达的 STI 产品分析(图略)风暴 08:55 在安徽五河县境内生成,16:00 风暴东移出海,16:58 在海上减弱消散。历时 8h03min。从风暴生成到龙卷发生经历了 5h。从 11:56 开始淮安雷达系统的 MDA 算法给出中气旋产品,13:56 盐城雷达系统的 TDA 算法给出 TVS 产品。见图 4.1。

4.1.3　雷达产品特征

　　(1)钩状回波处出现中气旋和 TVS。

　　14:08 风暴低层反射率因子呈现典型的超级单体特征(图 4.2),出现钩状回波,钩状回波和风暴主体回波之间呈现入流缺口,入流缺口的上方存在深厚的中气旋。钩状回波的末端探测到 TVS。

---

　　①　参阅朱君鉴学术报告 1:江苏阜宁"6·23"龙卷超级单体风暴雷达产品特征初步分析。

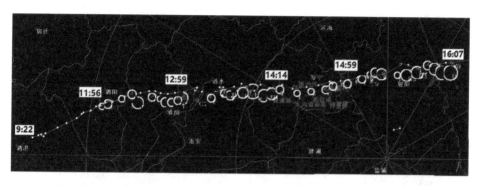

图 4.1 江苏阜宁 2016 年 6 月 23 日特强龙卷超级单体风暴生命史

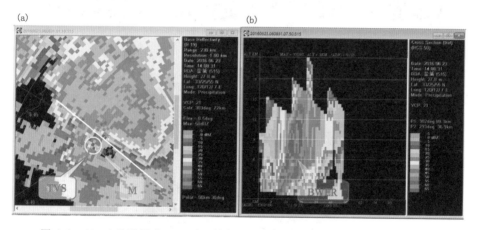

图 4.2 14:08 盐城雷达(a)0.5°反射率因子,(b)图(a)中白线位置的 RCS 产品,
图(a)上叠加了中气旋和 TVS 产品

(2)非常高的强中心高度和回波顶高

14:02 强烈的上升气流使得风暴出现 BWER。65dBZ 的强中心高度达到 13km,回波顶高产品显示风暴(大于 18dBZ)的顶高达到 18～20km 高度。见图 4.3,图 4.4。

(3)非常高的 VIL

14:02、14:25 风暴单体位置垂直液态含水量达到 70kg/m² 以上。扫描风暴垂直发展高度很高,风暴的高层出现了大冰雹生成区。见图 4.5。

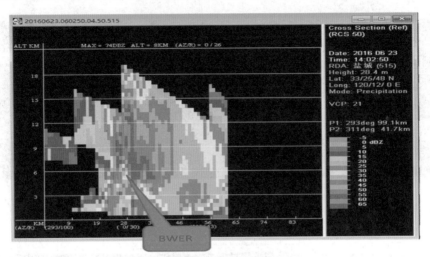

图 4.3　盐城雷达 14:02 RCS 产品

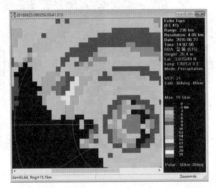

图 4.4　14:02 盐城雷达回波顶高(41 号)产品

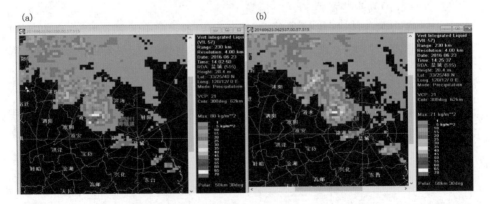

图 4.5　盐城雷达(a)14:02、(b)14:25 VIL 产品

（4）旁瓣、三体散射

14:08 风暴强反射率核的上方（6～9km 高度）出现旁瓣回波，3.4°～6.0°反射率因子产品和速度谱宽产品出现明显的三体散射特征，说明风暴中有大冰雹生成。见图 4.6、图 4.7。

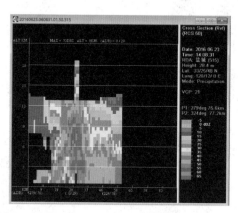

图 4.6 14:08 出现旁瓣回波

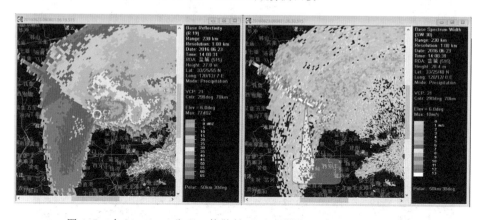

图 4.7 在 14:08:31 出现三体散射，左为反射率因子，右为速度谱宽图

4.1.4 超级单体风暴的演变

产生龙卷的风暴单体 14:02 之前一直在逐渐增强，14:08 之后出现了爆发式的增强，图 4.8 是 13:51—15:11 风暴反射率因子剖面图，从图中可以看到，11:51（图 4.8a）风暴已经出现由上升气流产生的有界弱回波区（BWER），14:08（图 4.8d）风暴中上升气流达到最强盛阶段，风暴发展到 18km 以上，大于 60dBZ 的强反射率因子核达到 13km，14:14 风暴的强反射率因子核开始下泻，之后（图 4.8e—i)风暴高度和强回波核开始逐渐下降，这次最严重的龙卷灾害就发生在此后的

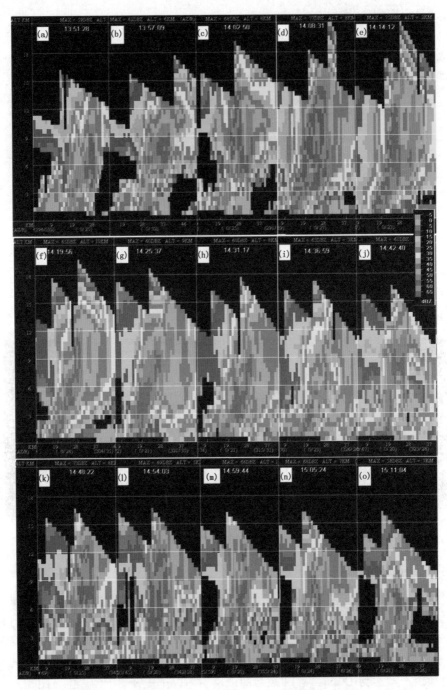

图 4.8　超级单体风暴 13:51—15:11 的 RCS 产品

40min 内。14:42(图 4.8j)之后风暴再度加强,14:48 大于 60dBZ 的强反射率因子核又一次上升到 12km 以上,之后风暴又逐渐减弱,但风暴中始终存在 BWER,说明风暴中存在很强上升气流。15:11 在风暴的强中心高度再次下降时,在射阳县又出现了短时间的龙卷和冰雹天气。

　　图 4.9 是龙卷风暴单体趋势的图形产品,图中可以看到,14:08 风暴顶上升到最大高度,基于风暴单体的 VIL 达到 100kg/m^2,最大反射率因子达到 70dBZ,强冰雹概率达到 100%。14:14、14:19 风暴强中心高度迅速下降。

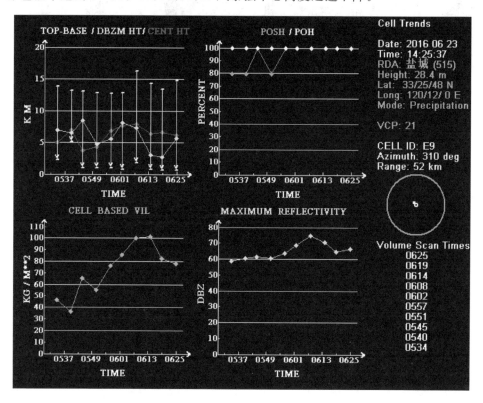

图 4.9　龙卷风暴单体的演变趋势图形产品

　　这次龙卷过程中 TVS 的高度非常高,龙卷涡旋顶(TOP)平均为 6.6km,最高时 8.9km;龙卷涡旋的厚度平均 5.3km,最深厚时 7.8km。这比周后福等[1]统计的江淮地区龙卷涡旋的平均厚度(3.6km)高了 1.8km。

4.1.5　龙卷风暴的径向速度和速度退模糊

4.1.5.1　龙卷涡旋母中气旋径向速度的特征

　　图 4.10 是盐城雷达平均径向速度剖面产品 VCS,从图上也可以看到龙卷涡

旋的母中气旋向上延伸的高度在 14:42 和 14:48 都达到 8km。

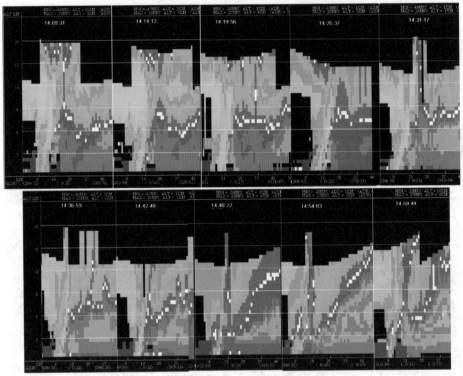

图 4.10　盐城雷达平均径向速度剖面产品 VCS

4.1.5.2　速度退模糊

由于这次龙卷风速特别大,在 14:14—14:54 龙卷附近都出现了速度模糊,14:25甚至出现了 2 次模糊,负速度达到−63m/s。因此,在使用 RPG−PUP 对基数据回放研究时,必须设置速度退模糊,不然会导致 M 和 TVS 产品不准确。图4.11 是盐城雷达平均径向速度 25 号产品,图 4.11a 是退模糊后的产品,图中计桥附近的一个距离库,负速度达到−63m/s;图 4.11b 是未退模糊的结果,图上给出了 3 个 TVS 产品,都是因为没有进行速度退模糊操作而导致的错误。

4.1.5.3　速度退模糊算法及适配参数的修改应用

2016 年 6 月 23 日盐城雷达 CINRAD/SA 扫描模式为 VCP21,0.5°仰角最大不模糊速度为 28m/s,而龙卷发生时,龙卷中心附近径向速度都超过 28m/s,速度出现了模糊,必须进行退模糊处理。CINRAD/SA 速度退模糊算法是根据速度场的连续性特征编写的,在大多数情况下退模糊会得到正确的结果,但也会出现错误,这种错误有时会在径向或切向传播,出现一个小区域退模糊错误。为了防止退

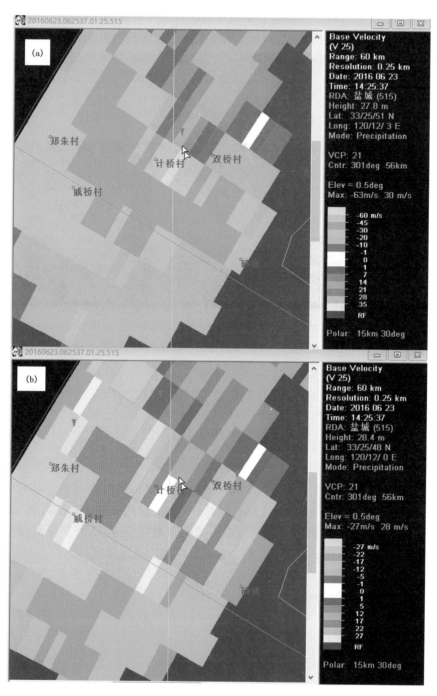

图 4.11　盐城雷达 14:25 0.5°仰角平均径向速度产品 V25,(a)退模糊后,(b)未退模糊

模糊错误在切向的传播,MDA 设置了用户可以修改的参数,来减小这种错误的传播。盐城龙卷过程中 14:19—14:31 三个时次 1.5°仰角都出现这种情况。图 4.12 是盐城雷达 14:19 1.5°仰角径向速度 V26 产品,图上叠加了 M 产品(黄色圆圈)和 TVS 产品(红色倒三角),图 4.12a 是未退模糊的速度场,图 4.12b 是退模糊出现错的结果,图 4.12c 是修改退模糊参数后的速度场,可以看出修改参数后退模糊的结果显然更为合理。

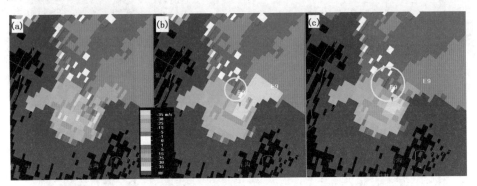

图 4.12 2016 年 6 月 23 日 14:19 盐城雷达 V26 产品,(a)未退模糊,
(b)退模糊出错,(c)修改适配参数后退模糊结果

§4.2 2016 年 6 月 5 日海南文昌龙卷雷达产品的主要特征初步分析[①]

4.2.1 龙卷灾情实况

2016 年 6 月 5 日 15:20 左右,龙卷突袭文昌市锦山镇圆堆村委会峰上村,造成文昌冯坡镇白茅村委会、锦山镇圆堆村委会共 9 个村民小组受灾,其中冯坡镇白茅村委会有 7 间房屋受损,无人受伤;锦山镇圆堆村委会有 37 间房屋倒塌,另有 145 间房屋被掀顶。锦山镇圆堆村委会有 171 户共 749 人受灾,其中 11 人受伤,1 人死亡。

4.2.2 龙卷的漏斗云视频

图 4.13 是 2016 年 6 月 5 日 15:20 龙卷突袭文昌市的漏斗云视频截图(海南网)。

---

① 参阅朱君鉴学术报告 2:"多普勒气象雷达探测龙卷"。

图 4.13　2016 年 6 月 5 日 15:20 龙卷突袭文昌市
漏斗云视频截图

4.2.3　初步分析

　　此次龙卷的发生是回波合并后产生的。回波 A 自海上由东向西移动,回波 B 自西向东移动。14:56 回波 A、B 距离约 10km(图 4.14)

　　15:08 风暴 A 和风暴 B 的上部已经合并为一体(图 4.15)。15:15 风暴 A 和风暴 B 完成合并,风暴发展成超级单体,风暴单体迅速增高,60dBZ 的强反射率因子核上升到 10km 以上(图 4.16)。

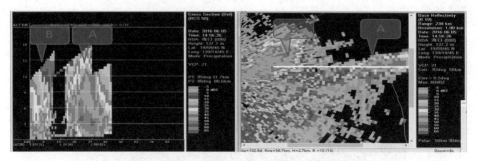

图 4.14　海口雷达 14:56 反射率因子产品,左图为 RCS,
剖面位置为右图中白线所示,右图为 0.5°仰角 PPI

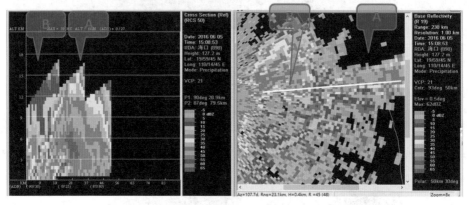

图 4.15　海口雷达 15:08 反射率因子产品,左图为 RCS,
剖面位置为右图中白线所示,右图为 0.5°仰角 PPI

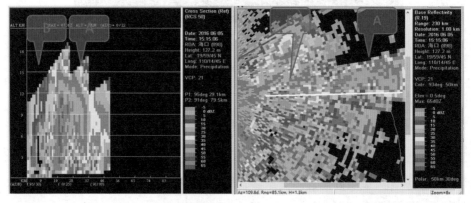

图 4.16　海口雷达 15:15 反射率因子产品,左图为 RCS,剖面,位置为右图中白线所示,
右图为 0.5°仰角 PPI

4.2.4 风暴单体合并触发龙卷产生

近年来,国外利用高分辨率雷达观测到一些龙卷是由于风暴单体的合并或单体之间的相互作用而产生的。2016 年 6 月 5 日发生在海南文昌的龙卷,观测到 2 个风暴单体合并,触发了风暴的突发性增强,龙卷随之产生。因为这次风暴距离雷达较近,探测到了风暴单体 B 产生的出流边界自西向东移动,出流边界的北端有一低层的中气旋,风暴单体 A 中也有一中气旋,当伴有低层中气旋的出流边界移动到风暴 A 的下方时,风暴迅速发展,产生龙卷。15:02(图 4.17),风暴 A、B 相距大约 10km,风暴 B 的出流边界移近风暴 A 的西端。15:08(图 4.18),伴有低层中气旋的出流边界继续向风暴 A 移动。15:15(图 4.19),伴有低层中气旋的出流边界移动到风暴 A 的下方,风暴单体迅速增高,反射率因子增强,最大反射率因子高度上升到 9km,中气旋迅速加强,雷达系统给出 TVS。15:21,最大反射率因子高度下降到 4km,龙卷随之产生。

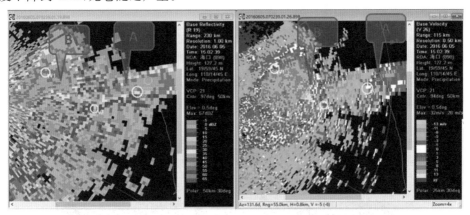

图 4.17　15:02 海口雷达反射率因子(左)和平均径向速度(右)产品

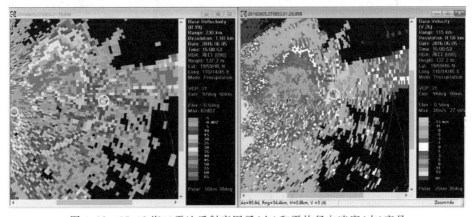

图 4.18　15:08 海口雷达反射率因子(左)和平均径向速度(右)产品

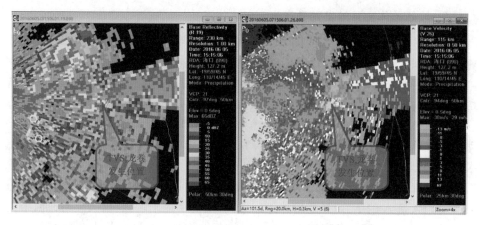

图 4.19　15:15 海口雷达反射率因子(左)和平均径向速度(右)产品

4.2.5　超级单体风暴的演变趋势产品

　　图 4.20 是超级单体风暴 B5 的演变趋势产品,15:15 之前,风暴顶高度大约 14km,15:15 增高到 17km,最大反射率因子增大到 63dBZ,最大反射率因子高度 也从 6km 增高到 9km,15:21 风暴顶继续增高,而最大反射率因子高度却迅速下 降,基于风暴单体的 VIL 跃增到 86kg/m² 。

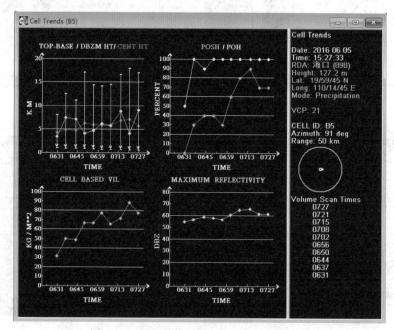

图 4.20　超级单体风暴 B5 的演变趋势产品

国外研究认为,这类龙卷与强超级单体风暴(如"6·23"江苏阜阳龙卷)龙卷不一样,风暴本身不是很强,龙卷的发生与 2 个风暴单体的合并或相互作用有关,这种龙卷往往持续时间不长。

§4.3　2008 年 7 月 23 日安徽阜阳龙卷雷达产品的主要特征[2]

4.3.1　天气背景和灾情

2008 年 7 月 23 日下午,受副热带高压西北侧西南气流和地面冷锋的影响,颍上县润河镇富坝村和洪庄湖村出现 F2 级龙卷。据灾情报告,13:13 前后,润河镇富坝村、洪庄湖村境内受灾严重,风灾导致 6 人受伤,直接经济损失达 800 万元。13:32 前后,慎城镇境内也遭受了龙卷袭击,该镇颍滨、保丰、朱庙三村受灾较严重。

值得记住的是当天下午 13:13,安徽省阜阳市气象局预报员(刘娟)根据新一代天气雷达给出的中气旋产品和 4 个体扫时次的 TVS 产品,并结合反射率因子、平均径向速度、综合切变等产品,在国内第一次提前 19 分钟成功发布了龙卷预警。减少了人员伤亡和经济损失。

4.3.2　风暴单体涡旋结构的分析

图 4.21 下排是 2008 年 7 月 23 日 13:01—13:32 阜阳雷达连续 6 时次 0.5°仰角平均径向速度产品(V25 产品,径向分辨率 250m,切向分辨率 1°),上排是对应

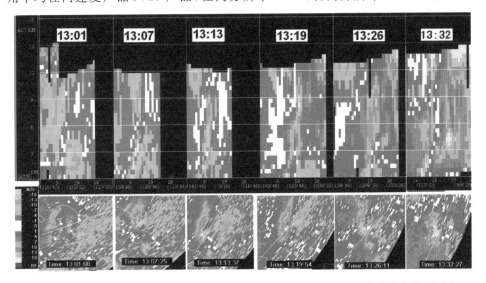

图 4.21　2008 年 7 月 23 日 13:01—13:32 阜阳雷达 0.5°仰角平均径向速度产品(上方)和平均径向速度垂直剖面产品(上排)

各时次平均径向速度垂直剖面产品(VCS51产品),剖面位置标于对应时次的平均径向速度产品中(白线)。因剖面线与雷达径向接近垂直,故冷色调为负速度,朝向雷达(进入纸面),暖色调为正速度,离开雷达(穿出纸面)。由图4.21可见,每个时次的平均径向速度产品中都有非常清楚的正负速度对,表明有中尺度涡旋存在。13:01 0.5°仰角速度图和VCS可以看出有两个不很强的中气旋存在;13:07和13:13两时次,0.5°仰角平均径向速度和径向速度垂直剖面都显示了非常清晰的涡旋结构;13:19和13:26两时次,中气旋上层有所减弱,加上背景风(西南风)影响,径向速度垂直剖面中3km以上没有明显正负速度对,但对应中气旋的轴线位置都存在一条风速差较大的分界线,从地面一直延伸到6km或更高的高度;13:32剖面图上0.4km到6km再次出现连续的正负速度,0.5°仰角正负速度差再次增大,中气旋再度增强。

4.3.3　中气旋产品的演变

为了适应不同地域、不同季节、不同天气背景,多普勒天气雷达系统的中气旋产品算法有15个可以修改的适配参数,在不同参数设值条件下,系统给出的中气旋产品会有所差异。本例中,用MDA缺省参数进行计算时,13:01—13:32,只识别出13:07一次中气旋,如图4.22b;调整MDA适配参数,降低MDA中的判别阈值后,雷达系统在13:01—13:32的每个时次都识别出了M产品(图4.22a)。表4.1给出图4.22中各时次中气旋的特征参数,包括中气旋顶高、中气旋底高、中气旋最大切变、最大切变所在高度。

表4.1　低适配参数下的M产品的匹配产品值

中气旋特征参数	13:01	13:07	13:13	13:19	13:26	13:32
最大切变值(10^{-3} s^{-1})	10	59	56	60	13	18
中气旋顶高(km)	4.6	4.6	4.9	2.4	6.1	3.9
最大切变值所在高度(km)	3.3	0.3	1.2	0.4	2.1	2.3
中气旋底高(km)	1.8	0.3	0.4	0.4	0.4	0.4
最大风速差(m/s)	23.5	46.5	46.5	44.5	29.5	32.5
0.5°仰角最大风速差(m/s)	24.5	37.5	27.5	44.5	29.5	32.5

Lemon[3]在一次超级单体研究中发现后侧阵风锋上的一个单体并入弱回波区导致了风暴涡旋强度显著增强和上升速度增大。由表4.1可见,13:07风暴单体合并后,中气旋的最大切变值由13:01的10×10^{-3} s^{-1}增大到59×10^{-3} s^{-1},之后连续3时次保持在56×10^{-3} s^{-1}以上。13:07开始,中气旋的底降到雷达探测到最低仰角,这时风暴距离雷达最近,风暴位置最低仰角雷达波束中心高度约为0.3km。13:13后,风暴距离雷达的距离增大,雷达探测的最低仰角是0.5°,雷达

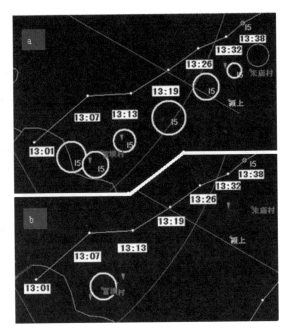

图 4.22　中气旋算法(MDA)不同适配参数设置,算出的 M 产品,
(a)用低阈值参数的计算结果,(b)用系统缺省参数的计算结果

探测到最低高度变为 0.4km。

　　表 4.1 中还列出了风暴各层中最大风速差和 0.5°仰角最大风速差。13:19 之后,风暴的旋转强度有所减弱,但最大风速差出现在最低仰角。13:32 由于最大风速差 32.5m/s 出现在雷达最低仰角,高度 0.4km,朱庙村出现了 F1 龙卷。雷达的最低探测仰角是 0.5°,雷达天线半功率点波瓣宽度为 1°,因此不能精确的探测近地面龙卷的风速而只能探测到龙卷的中气旋的风速[4],也就是说,只能探测到龙卷风速的近似估计值[5]。近年来发展的车载精细雷达,具有较高的分辨率和较低的探测高度,对近地面平均径向速度有较高的探测精度。Toth 等[6]对发生在距离 WSR-88D 雷达 100km 半径内风的探测值与车载精细雷达的近地面风的探测值作了比较分析,得到切变值关系的近似经验公式 $I_{DOW} = 2.0 \times (I_{WSR-88D}) - 24$ 和平均径向速度差(DV)探测值关系的近似经验公式 $M_{DOW} = 1.4 \times M_{WSR-88D} + 0.4$,其中 I_{DOW} 和 M_{DOW} 分别为车载雷达测得到切变值和速度差值,$I_{WSR-88D}$ 和 $M_{WSR-88D}$ 分别为 WSR-88D 测得到切变值和速度差值。颍上龙卷发生时,当地没有中小尺度观测网,没有地面风记录可以佐证,依上述经验公式估测近地面风速大约能达到 53m/s 和 46m/s,富坝村、洪庄湖村发生龙卷达到 F2 级,颍滨村、保丰村、朱庙村的龙卷达到 F1 级,根据发生的灾情,两地发生的龙卷也可分别估判为 F2、F1 级。

§4.4　2015年10月4号"彩虹"台风外围螺旋雨带中的龙卷分析[7]

4.4.1　概况

　　广东是龙卷多发地区,近年来该地区发生的龙卷造成了重大人员伤亡和巨大的经济损失。例如2015年10月4日在台风"彩虹"的外围螺旋雨带影响下,佛山顺德和广州番禺出现了龙卷,多处房屋被摧毁,车辆被吹翻,至少6人死亡,受伤人数超过200人。为了开展对龙卷的监测和预警,2015年佛山市建设了X波段双偏振多普勒天气雷达。该年10月4日下午广东省佛山市发生一次龙卷天气过程,当龙卷涡旋移近佛山市X波段双偏振雷达时,该雷达探测到了超级单体风暴钩状回波内的龙卷涡旋。龙卷涡旋位于钩状回波的末端,龙卷涡旋的反射率因子呈现为一强反射率因子区,该强反射率因子区的中间反射率强度相对较弱;与该强反射率因子对应的位置,平均径向速度有明显的涡旋特征;在龙卷涡旋的位置,双偏振雷达的差分反射率 Z_{dr} 有一明显的低值区,零滞后相关系数 CC 也有一明显的低值区。分析认为,这是龙卷卷起的杂物碎片形成的龙卷碎片特征。

4.4.2　CINRAD/SA 探测低层龙卷时的不足

　　目前 CINRAD/SA 的 M 和 TVS 的算法及其适配参数与当时 WSR-88D 完全一样,因此可以在国内龙卷监测预警业务中参考。雷达探测到 TVS,并不能确定地面有无龙卷发生,主要原因是因为 CINRAD/SA 属于大功率远距离探测雷达,雷达之间距离大,雷达的最低仰角为 0.5°,在距离雷达 50km 以外,雷达波束中心高度已经到 0.6km 以上,雷达已经探测不到低层大气的风场。而低空的涡旋或辐合线对于龙卷的生成和维持起着重要作用[8-9],因此,对于龙卷的监测预警,低空流场的探测越来越引起重视,为了探测低层大气更多的气象信息,McLaughlin[10]等提出建设雷达间距离小于 20km 的 X 波段双偏振多普勒雷达网,以探测低层大气的风场。

4.4.3　X 波段双偏振多普勒雷达探测龙卷的辅助作用

　　龙卷预警的另一个困难,是龙卷的确认需要视觉资料的确认(视频录像、照片或者目击者报告),然而在夜晚或者龙卷被大片雨区包围时,无法确认龙卷涡旋是否已经触地。对于双偏振雷达,通过雷达的双偏振参量能够确认龙卷的发生[11],这是因为龙卷将杂物碎片卷到空中,这些杂物随机的方向,不规则的形状,大的尺寸和高的介电常数,会产生高反射率因子 Z_{hh},低差分反射率 Z_{dr},和异常低的零滞后相关系数 CC,这一特征称为龙卷碎片特征(TDS, Tornadic Debris Signature),

如果探测到 TDS,可以确认地面已经出现龙卷。

　　2015 年 10 月 4 日下午广东省佛山市发生在台风"彩虹"外围雨带中的龙卷,最后的 10 多分钟进入了佛山 X 波段双偏振多普勒雷达 20km 范围内,使得该雷达有机会探测到了龙卷的双偏振参量特征。

4.4.4　广东佛山的 CINRAD/XD 双偏振雷达简况

　　广东佛山的 CINRAD/XD 双偏振雷达架设在佛山市南海区(113°0′38″E,23°8′41″N),位于广州市番禺区 S 波段新一代天气雷达 CINRAD/SA 西偏北方向方位 294°,距离 39km 处(该雷达于 2016 年 4 月也升级改造为双偏振雷达)。XD雷达工作频率 9370MHz,天线直径 2.4m,峰值功率 75kW,距离分辨率 75m,角度分辨率 1°。这种较高的分辨率对于近距离探测龙卷具有很强的优势。2015 年 10月 4 日广东佛山龙卷风暴单体自 XD 雷达的南偏东方向移向雷达,在这次过程中,由于雷达在龙卷的来向有一些遮挡物,在一定程度上影响了观测效果。另外,由于X 波段本身测速范围小且设置的 PRF 较低,最大不模糊速度仅为 9.5m/s,下面的速度数据进行了速度退模糊处理。

4.4.5　广州市番禺 CINRAD/SA 探测龙卷过程的特征

4.4.5.1　CINRAD/SA 的风暴追踪产品 STI

　　图 4.23 是番禺区 SA 的风暴追踪产品 STI,图中小方点是每个体扫风暴单体质心所在的位置。15:54(北京时)后,风暴单体移近南海镇,X 波段双偏振雷达观测到了龙卷单体的一些特征。

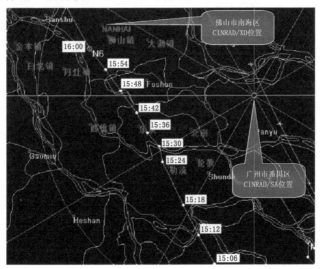

图 4.23　佛山市南海区 XD 雷达相对于广州市番禺区 CINRAD/SA 雷达位置

4.4.5.2　广州 CINRAD/SA 的风暴反射率因子特征

　　图 4.24 是 2015 年 10 月 4 日 14:18—16:06 广州 CINRAD/SA 雷达 0.5°龙卷风暴单体反射率因子产品合成图,根据广州 CINRAD/SA 雷达的风暴追踪产品(STI),在佛山生成龙卷的风暴单体 14:18 之前(STI 产品 14:18 给出 ID 号 N6)在珠海附近生成,生成后沿着台风外围螺旋雨带向北偏西方向移动。之后经过伦教、

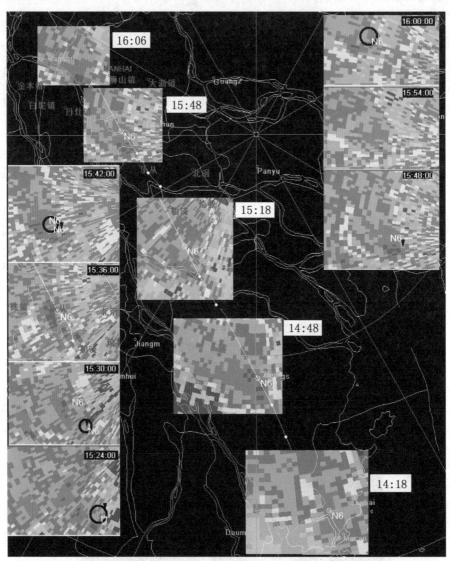

图 4.24　2015 年 10 月 4 日 14:18—16:06 CINRAD/SA 雷达 0.5°仰角龙卷风暴
单体反射率因子产品合成图

北滘、乐从、石湾、张槎等乡镇,16:03 在罗村甘坑造成灾害之后逐渐减弱消散(见图 4.25),历时 31 分钟。由图 4.24 可见,广州 CINRAD/SA 雷达 15:24 识别出风暴单体中的 M 和 TVS,低层反射率开始呈现钩状回波的形态(由于部分遮挡的原因,不很明显),15:30—15:48,出现明显的钩状回波,使用雷达系统缺省的适配参数,15:30、15:42 SA 雷达识别出中气旋(M 产品),15:30、15:42、15:48 雷达识别出龙卷涡旋特征(TVS 产品)。从实地灾情调查结果和雷达产品都可以看出,15:36—15:42 是龙卷最强的时段,15:53 之后龙卷风暴进入减弱阶段,XD 雷达探测到的情况见下节。

图 4.25 2015 年 10 月 4 日修订的龙卷影响路径和破坏直径(引自李彩玲等[12])

4.4.6 佛山 XD 双偏振雷达探测龙卷过程的特征

4.4.6.1 XD 雷达反射率因子产品

佛山 XD 双偏振雷达,由于发射功率小,特别是云雨对 X 波段电磁波的衰减非常严重,因此,只能探测到近距离的风暴状况。又因为低仰角有遮挡,这次龙卷过程 15:54 之后,雷达才探测到有价值的资料。这里主要用 2.4°的资料进行分析。图 4.26 中水平 4 行分别为北京时 15:54:26、15:58:10、16:02:09、16:05:52(格式:时时分分秒秒,为了叙述简便,以下近似为 15:54、15:58、16:02、16:06),竖列分别是水平反射率因子 Z_{hh}、平均径向速度 V_r、差分反射率 Z_{dr} 和零滞后相关系数 CC。15:54 雷达径向的上游方向强回波较多,衰减较大,加上方位上 163°到 167° 低仰角有遮挡物,2.4°波束的充塞系数可能较小,探测到的风暴单体南侧强度较弱,超级单体的形态与 CINRAD/SA 探测到的回波外形有较大的差异,看起来不像典型超级单体风暴的结构,到 15:58 之后(图 4.26e)和 16:02(图 4.26i),才表现为带钩状回波的超级单体风暴的典型结构。因为该雷达径向分辨率 75m,所以能看到风暴单体更为细致的结构,在低层风暴单体的主体部位,边缘较强,中间较大

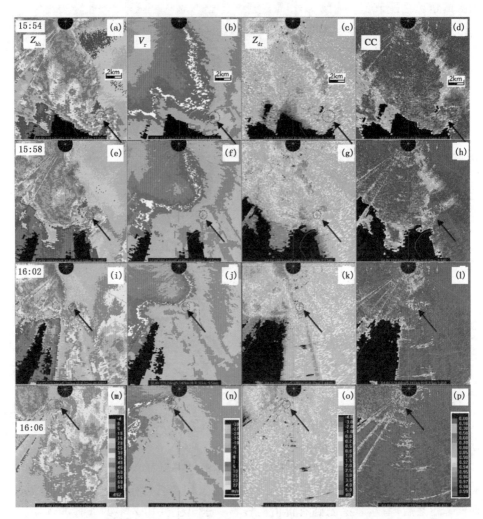

图 4.26　佛山 XD 雷达 2.4°产品,横行分别为北京时 15:54、15:58、16:02、16:06,竖列分别是
反射率因子 Z_{hh}、平均径向速度 V_r、差分反射率 Z_{dr} 和零滞后相关系数 CC

的区域较弱,这是以前用 CINRAD/SA 没有看到过的结构,这一结构特点,可能是因为风暴处于减弱消散阶段而出现的,因为 X 波段雷达看不到更远的地方,因此这一结构的成因有待研究和确认。

图 4.26a 中(15:54),位于雷达方位 154°,距离 12.5km 处(黑色箭头所指位置)有一较强反射率因子区域,尺度 1.2km 左右,见图 4.26a 中箭头所指虚线圆圈的位置。在随后的 3 个时次这个强反射率区域一直存在,按时间顺序,15:54 尺度最大(约 1.2km),强度最弱(35~45dBZ),16:06(图 4m)尺度最小(约 0.8km),强度最强(45~55dBZ)。另外,在这区域的中间反射率又相对较弱,边缘较强,以 15:58(图 4.26e)为例,中心的反射率强度约为 35dBZ,其周围一圈反射率较强,其西侧约为 45dBZ,东侧约为 55dBZ。这是超级单体风暴钩状回波内龙卷的特有特征之一[13],称为低回波洞(WEH),WEH 外围较强的反射率,Dowell 等[14]认为是由于离心力的作用,在龙卷涡旋外缘形成的降水物和龙卷卷起的杂物碎片产生的较强的回波。

至于龙卷涡旋区域的尺度为什么 15:54 较大,16:06 较小,猜测与龙卷漏斗云上大下小的结构类似,15:54 龙卷距离雷达 13km,2.4°探测高度约 0.65km,16:06 龙卷距离雷达 2km,2.4°探测高度约 0.20km。这个上大下小的结构从图 4.27 也能看到,图 4.27 是佛山 XD 雷达 15:58 2.4°、3.4°、4.4°反射率因子产品,图中 WEH 位置在 2.4°、3.4°、4.4°的高度分别为 0.50km、0.63km、0.75km,可以看到低仰角探测到的龙卷涡旋尺度,比高仰角探测到的小。龙卷涡旋区域的反射率强度为什么 15:54 较弱,16:06 较强,会不会是因为龙卷卷起的杂物 0.20km 高度上比 0.64km 高度上多,需要以后进一步研究。

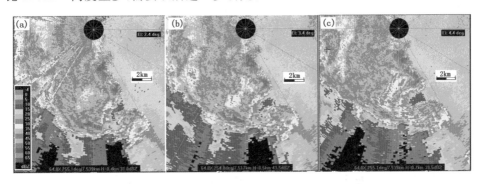

图 4.27　佛山 XD 雷达 15:58 反射率因子产品
(a) 2.4°;(b)3.4°;(c)4.4°

4.4.6.2　平均径向速度特征

图 4.26 中第 2 列 b、f、j、n 为平均径向速度产品,这次探测时最大不模糊速度

为 9.5 m/s,图中的径向速度产品是经过退模糊处理的。退模糊后 15:54、15:58、16:02、16:06 4 个时次的最大最小速度和速度差 DV 见表 4.2。图 4.26 中每个时次的 4 种产品中的十字星(箭头所指位置)标注的是同一位置,在与反射率产品中钩状回波内的 WEH 对应的位置都有明显的最大最小速度对,因为环境风东南风很大(约 13 m/s),通常探测到的龙卷涡旋的正负径向速度对淹没在背景风场中,涡旋的正速度 15:58、16:02 表现为很小的负速度。

因为龙卷距离雷达很近,雷达的分辨率高,龙卷涡旋的最大最小径向速度不再在邻近 2 个方位库上,而是中间相隔若干个方位库的最大最小径向速度。以 15:58 为例,图中 A、B 分别为最大速度和最小速度中心,之间相距 6°方位角,大约距离 1km,这个最大最小风速中心是龙卷最大风速圈经过的点,从反射率产品上看这个最大风速圈位置与龙卷涡旋 WEH 的外围的强回波圈相对应。

表 4.2　龙卷涡旋各时次 2.4°仰角最大最小速度和速度差

时次	15:54	15:58	16:02	16:06
最大速度(m/s)	+5	−6	−1.5	+1
最小速度(m/s)	−35	−36	−36	−36.5
速度差 DV(m/s)	40	30	34.5	35.5
距地面高度(km)	0.65	0.50	0.33	0.20

4.4.6.3　差分反射率 Z_{dr} 特征

图 4.26 中第 3 列 c、g、k、o 为 15:54—16:02 中 4 时次 2.4°仰角双偏振参量差分反射率 Z_{dr},同样 2.4°仰角由于距离不同,探测到的龙卷涡旋的部位也不同,15:54 扫到龙卷涡旋的高度 0.65km,15:58、16:02、16:06 3 时次扫描到的高度分别是 0.50km、0.33km、0.20km,16:06,龙卷中心距离雷达大约只有 2.2km,龙卷涡旋中心附近,是个约 1km 大小的反射率因子较强的区域,强度 45~55dBZ,与之对应的 Z_{dr},是低值区(原因是湍流使目标物随机取向),其中心最低值约 −1.0dB,在此之前的 3 个时次也有类似的现象,但 Z_{dr} 的值没有 16:06 那么低,形状也有些不规则。

4.4.6.4　零滞后相关系数 CC 特征

图 4.26 中第 4 列 d、h、l、p 为双偏振参量零滞后相关系数 CC,将 CC 与反射率因子产品对照,可以看到在龙卷位置的高反射率位置存在一个 CC 的低值区,这个低值区越靠近雷达越明显,也就是说,高度越低越明显。16:06,这个低值区中最低值小于 0.5,大部分地方在 0.7~0.85 之间。在之前的 3 个时次这个低值区的值没有这么低,低值区的外形也没有 16:06 的规则。

4.4.6.5　龙卷碎片特征 TDS

自从 Ryzhkov 等[15] 1999 年用 S 波段双偏振雷达在超级单体钩状回波的末端处探测到龙卷碎片特征 TDS 之后,后来的研究在 C 波段和 X 波段双偏振雷达上同样探测到了 TDS。龙卷产生 TDS 特征,是因为龙卷将杂物碎片卷到空中,这些杂物碎片随机的方向,不规则的形状,大的尺寸,高的介电常数,产生高反射率因子 Z_{hh},低 Z_{dr} 和异常低的 CC。TDS 在龙卷监测预警业务中非常有用,尤其在龙卷被雨区包围,或者龙卷发生在夜间,视觉无法确认龙卷是否已经在地面生成的情况下,TDS 可以帮助确认龙卷的发生和位置。

在这次龙卷过程中,因为低仰角有遮挡,主要分析了 2.4°仰角产品。上文对 4 个时次的分析,对应于龙卷涡旋中心,都有 TDS 的高 Z_{hh},低 Z_{dr} 和低 CC 的特征,在 16:06 时次龙卷涡旋的位置,水平反射率因子 Z_{hh} 达到 55dBZ,Z_{dr} 低值区的值大约为 -1.0dB,CC 低值区的值小于 0.5,TDS 的特征非常明显。

这次分析看到 TDS 的与高 Z_{hh} 对应的低 Z_{dr} 的值除了 16:06 之外,其他 3 个时次的低值不十分显著,没有低到 0.5dB 以下。Kumjian 等[11] 曾经提到在龙卷被雨区包裹的情况下,雨滴可能与龙卷卷起的杂物混杂。这样 Z_{dr} 会因为雨滴的存在而升高,从而导致 Z_{dr} 不是很低。但是任何非气象反射物,如混杂在水成物中的龙卷卷起的杂物碎片会使相关系数 CC 明显降低。因此,在有雨滴存在的情况下,不能过于强调 Z_{dr} 很低的 TDS 特征[16],而 CC 是龙卷监测最有效的双偏振参量,对此,Ryzhkov[17] 也有同样的论述。在这次过程的 4 个时次中,CC 低值的 TDS 特征也比 Z_{dr} 的特征明显,只是因为一些方位存在遮挡,CC 低值区的形态也受到一点影响。

4.4.7　小结

佛山 X 波段双偏振雷达 XD 在这次龙卷过程的最后 12 分钟 15:54—16:06 探测到了超级单体风暴钩状回波内龙卷涡旋距离地面 0.20~0.65km 高度上的高 Z_{hh},低 Z_{dr} 和低 CC 的 TDS 特征。X 波段双偏振雷达尽管在强降水时衰减比较大,但由于较高的分辨率和双偏振探测功能,近距离探测龙卷的结构具有较强的优势。雷达的双偏振参量对判断地面是否已经出现龙卷在龙卷的监测预警业务中具有实际使用价值,对于龙卷的生成机制以及龙卷的维持等科学问题研究也是有用的工具。

这次探测由于雷达低层有不少遮挡,又缺少 1.5°仰角的资料,限制了对这次过程的深入分析。如果雷达的探测环境没有很多挡角,适当调整雷达脉冲重复频率,使得最大不模糊速度提高到 24m/s,相信对龙卷的监测预警能力会有更大的提高。分析中看到,75m 的径向分辨率可以探测到龙卷更细致的结构,但对于变化迅速的小系统,4分钟完成一次体扫,显然间隔太大,研究龙卷生成、维持、消亡的过程需要更高时间分辨率。龙卷过程的前20分钟没有这种高分辨率的探测资料,如果在龙卷多发地区,这种X波段的双偏振雷达能组成适当密度的雷达网,对龙卷的监测预警和科学研究会发挥更大的作用。

　　总之,以上4个个例说明龙卷可以在不同的天气条件下产生,但在雷达探测上会有一些基本相似的特征。江苏阜宁特强龙卷是由具有超长生命史的超级单体产生的,它具有明显的钩状回波,旁瓣及三体散射特征,并被识别出高度高、厚度大的TVS。海南文昌龙卷是由两块强对流回波在移动过程中相互作用,合并后风暴单体迅速增强增高而产生的。安徽阜阳龙卷是强与弱两个风暴单体合并后,风切变迅速增大而产生的,并被雷达波束在最低仰角高度上探测到TVS。广东"彩虹"台风中的龙卷,产生在台风外围螺旋雨带中,它是具有明显钩状回波特征的超级单体形成的。当它移动到靠近佛山的X波段双线偏振多普勒天气雷达时,在考虑到地形遮挡及降水衰减影响后,仍能分所出TVS存在的各个双线偏振参数的特征。

§4.5　2007年7月3日安徽天长超级单体龙卷的多普勒雷达特征[18]

4.5.1　龙卷灾情实况

　　据《扬子晚报》2007年7月4日报道,2007年7月3日下午4时47分前后,安徽天长市遭受该市有气象记录以来最大的龙卷风袭击,该市秦栏镇、仁和集镇受灾最为严重,大片房屋倒塌,造成七名群众死亡,71人重伤住院、轻伤者27人,1万群众生活受到影响。龙卷风的大致运行路线是,仁和镇七柳村－新华村－观庵村－牧马村－江苏高邮的天山镇。整个龙卷风持续大约20分钟。

　　灾情发生后,安徽省滁州市气象局组织人员携带GPS定位仪实地考察了天长龙卷风灾情现场,测量了天长市仁和镇七柳村、桃园村和秦栏镇新华村的经纬度,查看了房屋倒塌、树木折断或被拔起的程度和方向,听取受灾农民的讲述。其中桃园村已经变成一片废墟,房屋全部毁坏。受灾农民说家里的立柜、桌子、电视机、衣被等物品被抛出很远。从灾情实况判断,此龙卷达到Fujita龙卷等级的F3级,为强烈龙卷。

4.5.2　天气背景和雷达反射率因子分析

　　2007年7月3日安徽北部是典型的暴雨天气形势。安徽省位于西太平洋副热带高压西北部边缘,08时500hPa等压面上安徽中北部为高空浅槽区,850hPa和700hPa江淮地区都存在西南急流。随着副热带高压南退,高空槽向东南方向移动,14 时地面图上冷锋位于江淮之间,已经出现 6 小时降水量 50mm 以上的站点。当冷锋 16 时到 17 时之间移过安徽省天长市和江苏省高邮市时,在上述地区伴随着降水出现了龙卷风天气。

3 日上午安徽和江苏的北部出现成片的中等强度降水区,13:00 开始,在大片的雷达回波中,与地面冷锋对应,宿迁、泗县、蚌埠一线有一条较强的对流回波带生成并向东东南移动,回波带为东北—西南向,在其西南端不断有新生对流单体合并到该回波带中,形成一条长达 400km 的飑线回波带,该回波带强度迅速增强,15:30 以后强回波带的中心反射率因子达到 50dBZ 以上,最大反射率因子达到 60dBZ。回波带中风暴单体快速向东移动,雷达给出的风暴单体的平均移动速度达到 19 m/s(68km/h)。图 4.28 是 2007 年 7 月 3 日 16:54 南京雷达组合反射率因子图,图中红箭头指处叠加了雷达给出的中气旋和龙卷涡旋特征产品,此处是龙卷天气发生地。

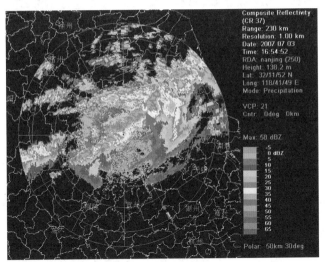

图 4.28　2007 年 7 月 3 日 16:54 南京雷达组合反射率因子产品

4.5.3　平均径向速度特征

图 4.29 是 2007 年 7 月 3 日 16:42 南京雷达 0.5°反射率因子和平均径向速度图,对比分析可见,飑线回波带与地面冷锋位置相对应,回波带的后部为西偏北风,前部西南风,形成强烈的切变,使得回波带上多处出现中气旋。涡度沿着回波带自西南向东北输送,使得位于东北端的单体涡度强烈发展,单体发展成超级单体,在中气旋中生成了龙卷涡旋。15:23 强对流回波带形成后,雷达开始探测到有中气旋生成,16:42 回波带上有 3 个中气旋,频繁出现的中气旋说明回波带上旋转气流

发展强盛。

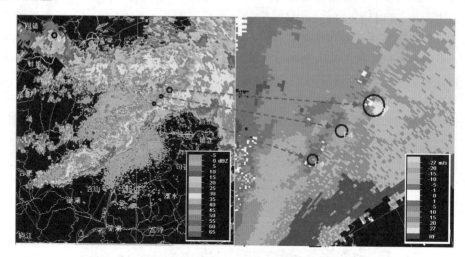

图 4.29　2007 年 7 月 3 日 16:42 南京雷达 0.5°反射率因子(左)和平均径向速度图(右)

4.5.4　中气旋的发展演变

　　图 4.30 是 2007 年 7 月 3 日 16:18—17:00 南京雷达 0.5°平均径向速度合成图,图上叠加了中气旋和 TVS 产品。造成天长龙卷风灾害的是超级风暴单体 L9,它具备了深厚持久的 γ 中尺度涡旋特征。16:18 雷达首次探测到单体 L9 的中气旋,之后 7 个体扫中持续出现中气旋。在中气旋出现后第 5 个体扫时,雷达给出了龙卷涡旋特征 TVS 报警,TVS 在 16:42、16:48、16:54 持续的 3 个体扫中出现。

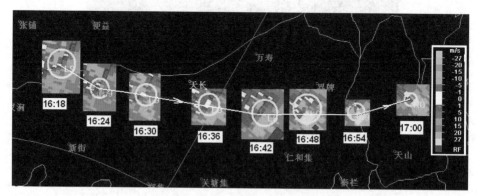

图 4.30　2007 年 7 月 3 日 16:18—17:00 南京雷达 0.5°平均径向速度合成图

　　表 4.3 是 2007 年 7 月 3 日天长龙卷的中气旋参数,表中"方位/距离/波束高度"是指中气旋中心相对于雷达的方位、距离和中气旋中心位置雷达波束中心所处

的高度,"底/顶"是指中气旋的底和顶的高度,"径向直径/切向直径"是中气旋沿雷达波束径向和切向的直径,"最大切变/高度"是中气旋在垂直方向上中气旋的底到中气旋的顶所有仰角平面中,最大的切变量及其所在的高度。从表中可见,中气旋出现在离开雷达 $58\sim71$km 处,雷达最低仰角 $0.5°$ 探测时此处的波束离地面高度为 $0.8\sim1.0$km,中气旋的底部已经到达雷达最低可测高度。在 16:42 切变增大到 $17\times10^{-3}\,\mathrm{s}^{-1}$,之后的 2 个体扫切变值继续增大到 $38\times10^{-3}\,\mathrm{s}^{-1}$ 和 $40\times10^{-3}\,\mathrm{s}^{-1}$,达到中等强度中气旋的上限值。在 16:48 之后,中气旋尺度收缩,最大切变所在高度下降,地面出现龙卷。

表 4.3 2007 年 7 月 3 日天长龙卷的中气旋参数

体扫时间	方位/距离/波束高度 (°)/km/km	底/顶 km/km	径向直径/切向直径 km/km	最大切变/高度 $10^{-3}\,\mathrm{s}^{-1}$/km
16:18	13 /60 /0.8	0.7 /2.9	7.0 /5.5	8 /2.9
16:24	18 /58 /0.8	0.7 /3.8	4.3 /4.5	12 /2.8
16:30	24 /59 /0.8	0.7 /3.8	5.8 /4.7	14 /1.7
16:36	29 /61 /0.8	0.8 /5.1	5.8 /4.7	12 /1.8
16:42	35 /65 /0.9	0.8 /4.2	7.0 /5.3	17 /1.9
16:48	38 /69 /1.0	0.8 /4.4	7.3 /6.1	38 /3.2
16:54	42 /71 /1.0	0.8 /4.8	3.8 /4.5	40 /0.9

4.5.5 龙卷涡旋特征 TVS 参数分析

雷达系统 16:42、16:48 和 16:54 三时次算出了 TVS 产品,表 4.4 是这三时次的 TVS 参数,从表中可见,TVS 出现在离开雷达 $64\sim71$km 处,雷达的最低仰角 $0.5°$ 探测时此处的波束离地面高度为 $1.0\sim1.1$km,TVS 的底部已经到达雷达最低可测高度。三个时次低层旋转速度不断增大,最大旋转速度也不断增大,16:54 达到 48 m・s^{-1};16:48 最大切变达到 $40\times10^{-3}\,\mathrm{s}^{-1}$;与此同时最大旋转速度和最大切变所在高度都不断下降。

表 4.4 2007 年 7 月 3 日天长龙卷的 TVS 参数

体扫时间	方位/距离 (°)/km	平均旋转速度 m/s	低层旋转速度 m/s	最大旋转速度/高度 (m/s)/km	底/顶 km/km	最大切变/高度 $10^{-3}\,\mathrm{s}^{-1}$/km
16:42	34 /64	20	28	34 /1.9	<0.8 /3.0	30 /1.9
16:48	38 /67	29	36	47 /3.2	<0.8 /4.3	40 /3.2
16:54	42 /71	25	48	48 /0.9	<0.9 /3.4	39 /0.9

4.5.6　龙卷风和中气旋、龙卷涡旋特征位置关系

经实地调查,图 4.31 中 A、B、C 为龙卷袭击的 3 个自然村,A 为仁和镇七柳村(东经 119°07′22″,北纬 32°38′59″),B 为仁和镇桃园村(东经 119°08′25″,北纬 32°39′15″),C 为秦栏镇新华村(东经 119°10′17″,北纬 32°39′42″)。图中通过 3 时次 TVS 的箭头线是雷达风暴追踪产品给出的风暴质心的移动轨迹,A、B、C 三处距离这一轨迹线逐渐靠近。实地调查结果,B 处灾情最重。龙卷风发生时间和第 2 个 TVS 产品时间相近,龙卷风位置与 TVS 位置对应,但位于 TVS 的南侧,中气旋最大风速圈的南缘,此处中气旋的旋转方向和风暴单体移动方向同向,中气旋的旋转速度与风暴移动速度叠加,使得风速加大。

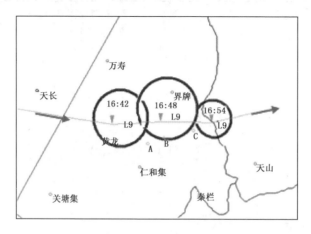

图 4.31　2007 年 7 月 3 日天长龙卷风实测位置和雷达中气旋、龙卷涡旋特征

4.5.7　小结

(1)此龙卷天气在暴雨天气形势下发生,低空西南急流对于龙卷的形成提供了动力和热力条件。低空西南急流增强了 $0\sim2\text{km}$ 和 $0\sim6\text{km}$ 垂直风切变,为龙卷天气提供了旋转潜势。

(2)此龙卷天气发生在飑线回波带的北端。在地面龙卷出现之前 30min 飑线回波带中出现中气旋,6min 之前出现 TVS,中气旋 M 和龙卷涡旋特征 TVS 嵌套出现并且持续多个体扫,是此龙卷过程的典型雷达产品特征,这对龙卷的监测和预警有指示意义。

(3)尽管在出现中气旋的风暴中只有 20% 左右会出现龙卷,TVS 有时也会出现虚警,但是如果 TVS 出现在离雷达站合适的距离上,并且和反射率因子场上强对流回波系统相联系,径向速度场上有明显的正负速度对相配合,就有充分的理由判断此 TVS 的真实性,可不失时机地发布龙卷预警。

§4.6　2018 年 6 月 8 日广东省佛山市的龙卷回波分析

4.6.1　龙卷灾害及龙卷观测网概况

受到 2018 年第 4 号台风"艾云尼"2018 年第 4 号的外围环流影响,2018 年 6 月 7 日 8 时至 8 日 8 时(北京时,下同)佛山经历了有气象记录以来的当日最大雨量。2018 年 6 月 8 日 11 时至 13 时期间,佛山连续发布两次龙卷风警报,这是全国首个龙卷风预警信息。6 月 8 日 14:05,广东省佛山市南海区大沥镇发生龙卷风(EF1 级),2000m² 的厂房铁皮顶直接被吹翻,所幸并无人员伤亡。

佛山是广东的龙卷风高发地,2013 年成立了国内首家龙卷风专门研究机构即佛山市龙卷风研究中心,布设了由四部 X 波段双偏振多普勒天气雷达组成的高时空分辨率探测网。因此,这次的龙卷风在其发生一小时前就被龙卷观测网准确"捕捉"到。每部雷达的工作频率 9370MHz,峰值功率 75kW,天线直径 2.4m,观测半径 50km,距离分辨率 75m,波束宽度 1°,每个体积扫描的更新速度是 40 秒(一个周期两层仰角),这种时间分辨率和空间分辨的设置,可精细地观测风暴单体的结构和连续变化,观测网的雷达位置分布如下图 4.32 所示。

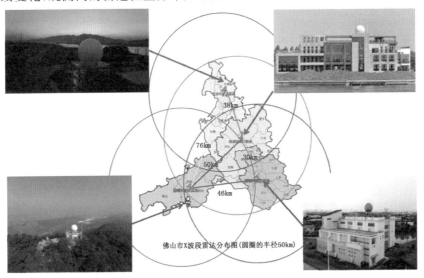

佛山市X波段雷达分布图(圆圈的半径50km)

图 4.32　广东佛山市 X 波段双偏振多普勒天气雷达的龙卷观测网分布图,圆圈代表雷达的观测范围,半径 50km。左上所指是佛山三水雷达站(FSXSS);右上所指是佛山南海雷达站(FSXNH);左下所指是佛山高明雷达站(FSXGM);右下所指是佛山顺德雷达站(FSXSD)

4.6.2　S波段广州多普勒天气雷达的观测

这次龙卷出现在台风"艾云尼"登陆后的环流中,图4.33是2018年6月8日13:30(北京时)广州S波段多普勒天气雷达观测的反射率因子和径向速度回波特征,仰角2.4度,探测半径230km。大于50dBZ的强回波带在广州和佛山之间,对应的主要气流方向是自南向北,出现龙卷的回波正是由此发展演变的。

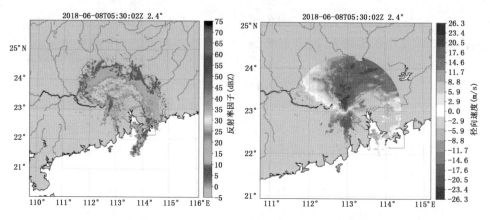

图4.33　2018年6月8日13:30(北京时)广州S波段多普勒天气雷达的反射率
因子(左)和径向速度(右)回波,仰角2.4°

广州多普勒天气雷达在龙卷发生前半小时一直到龙卷即将出现前数分钟,都识别出中尺度气旋,为预报员判断并提前预警龙卷提供了关键信息。

E. Kessler在《雷暴形态学和动力学》[19]书中指出:"中尺度气旋其核心直径为3～9km,最大切向风速为22m/s。大约有50%的被识别为中尺度气旋的特征回波同龙卷相联系,而且从识别出它到龙卷触地平均超前20分钟。中尺度气旋首先在风暴中层探测到,接着向风暴顶部和底部伸展。"

图4.34是13:36仰角2.4°的径向速度图,在图左的雷达中心西北方(方位330°,距离35km),小小黑圈是雷达通过风暴相对径向速度产品SRM(Storm Relative Velocity Map)自动识别的中气旋产品M(Mesocyclone),右图是左图的局部放大,其中黄圈是识别的中气旋。

图4.35是2018年6月8日13:54的径向速度图仰角2.4°,在图左的雷达中心西北方位,雷达自动识别出两个中气旋(两个黑圈分别是距离25km,方位295°和330°),右图是左图的局部放大,两个黄圈是识别的中气旋。

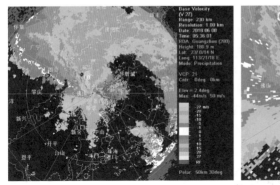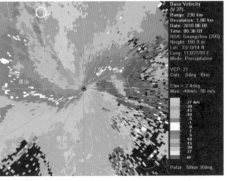

图 4.34　2018 年 6 月 8 日 13:36 广州雷达的径向速度图,仰角 2.4°,在图左的雷达中心
西北方(方位 330°,距离 35km),小黑圈是雷达自动识别的中气旋;
右图是左图的局部放大,黄圈是识别的中气旋

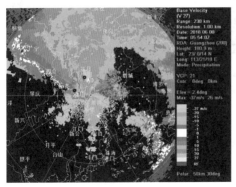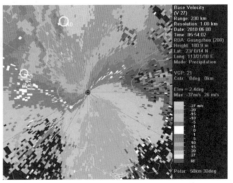

图 4.35　2018 年 6 月 8 日 13:54 的径向速度图,仰角 2.4°,在图左的雷达中心
西北方位,雷达自动识别出两个中气旋(小黑圈的方位分别是 295° 和 330°,
距离均为 25km),右图是左图的局部放大,两个黄圈是识别的中气旋

4.6.3　X 波段双偏振多普勒天气雷达网的观测

4.6.3.1　反射率因子和径向速度的回波演变

　　分析 2018 年 6 月 8 日佛山南海雷达回波,13:55—14:10 平均每 40 秒一次
(每次高低两个仰角:1.7°,2.7°)的回波更新中,可清楚地观察回波精细结构和动
态变化。雷达站东面约 12~17km 距离处有南北向分布的自南向北移动的带状回
波,在大沥镇龙卷发生前 10 多分钟径向速度回波就出现了中尺度涡旋特征,为龙
卷的预警提供了判断和分析依据。X 波段双偏振多普勒天气雷达的最大不模糊速
度为 ±16m/s,回波特征讨论如下。

（1）龙卷发生前 10 分钟的回波特征

图 4.36 是 2018 年 6 月 8 日 13:54:54 南海雷达反射率因子，从南向北移动的回波带中，存在若干强对流单体，其中面积最大且反射率因子最强的回波距雷达中心约 15km，方位在 120°~150°之间，图 4.36a 是 1.7°仰角的反射率因子，最强回波为 50dBZ；图 4.36b 是 2.7 度仰角的反射率因子，最强回波达 55dBZ，红圈的范围对应着径向速度（见图 4.37）上的中气旋区。不同仰角回波强度略有差异，说明中尺度涡旋的回波强度正处于自上而下的发展中。

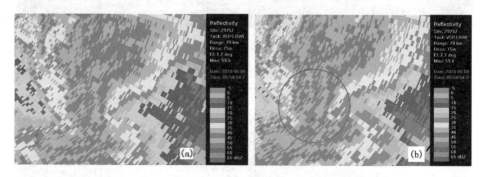

图 4.36　2018 年 6 月 8 日 13:54:54 南海雷达反射率因子，
(a)仰角 1.7°；(b)仰角 2.7°，红圈对应着径向速度的中气旋区

图 4.37 是 2018 年 6 月 8 日 13:54:54 的南海雷达径向速度分布，图 4.36a 是 1.7°仰角，图 4.36b 是 2.7°仰角，其中大黄圈具有类似中尺度涡旋的特征（未经中气旋算法识别），直径小于 8km。小黄圈表现为紧密相邻的一对速度大值区，经计算直径小于 2km，具有类似龙卷涡旋的特征 TVS(tornado vortex signature)（未经

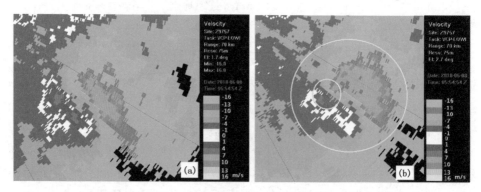

图 4.37　2018 年 6 月 8 日 13:54:54 的南海雷达径向速度，
(a)仰角 1.7°；(b)仰角 2.7°，大黄圈直径小于 8km，小黄圈直径小于 2km

算法识别）。分析可知,小圈里正负速度偶的大值区先出现在 2.7°仰角,而此时
1.7°仰角并未出现,这也说明了在龙卷发生前的 10 分钟,小涡旋自上而下发展。
中尺度涡旋内的旋转速度超过了 X 波段最大不模糊速度±16m/s,在环境风场影
响下,中气旋的正负速度偶中,朝向雷达的负速度存在着明显的速度模糊,真值应
为−22～−25m/s;离开雷达的最大径向速度应是中气旋的最大正径向速度与环
境风的负径向速度−7～−10m/s 抵消后的值,现在表现为+4～+7m/s,则未被
抵消时的真值应在+11～+17m/s 之间。据当时的地面气象站记录,离龙卷发生
地最近的自动站距离有 2km,而这个龙卷的影响范围比较小,所以地面自动站的
风速并不大,最大风速 11.4m/s,风力 6 级。

　　(2)龙卷发生前 5 分钟的回波特征

　　图 4.38 是 14:00:16 的南海 X 波段双偏振多普勒雷达回波,仰角 1.7°,图 4.
37a 是反射率因子,图中红圈是最强回波区,反射率因子 Z 达到 50dBZ;图 4.37b
是径向速度,其中黄圈具有中尺度涡旋的特征,直径小于 8km,与图 7a 的红圈相对
应,速度模糊与图 6 相似。从回波每 40 秒动态演变中发现,这个时段是中尺度涡
旋的加强期,由于 X 波段存在着强回波的强衰减,强回波与雷达中心连线的远端
存在着明显的 V 型缺口。

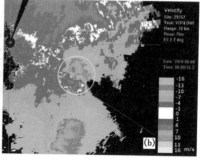

　　图 4.38　2018 年 6 月 8 日 14:00:16 南海 X 波段双偏振多普勒雷达回波,仰角 2.7°,
(a)反射率因子,图中红圈是最强回波;(b)径向速度,黄圈直径小于 8km,与(a)的红圈相对应

　　(3)龙卷发生时的回波特征

　　图 4.39 是 2018 年 6 月 8 日 14:05:39 的回波,仰角 1.7°,此时地面报告发生
了龙卷,图 4.38a 是反射率因子,最强回波达 55dBZ;图 4.39b 是径向速度,大黄圈
是中尺度涡旋,随着涡旋向北运动,此时负速度侧的速度模糊区缩小。大黄圈是中
尺度涡旋,小黄圈内有一个紧密相连的正负速度对,直径小于 1km,对应着龙卷发
生的位置。

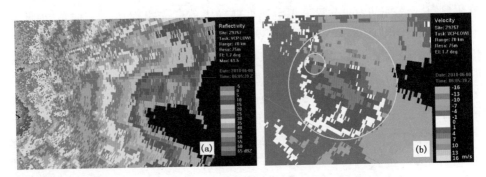

图 4.39　2018 年 6 月 8 日 14：05：39 南海雷达的回波,仰角 1.7°
(a)反射率因子;(b)是径向速度。大黄圈是中尺度涡旋,小黄圈内有一个紧密相连的
正负速度对,直径小于 1km,对应着龙卷发生的位置

(4)龙卷发生后的回波特征

图 4.40 是 2018 年 6 月 8 日 14：07：39 仰角 1.7°的反射率因子和径向速度回波,图 4.40a 是反射率因子,强回波仍维持在 55dBZ,V 型缺口仍明显。图 4.40b 是径向速度,大黄圈仍对应着中尺度涡旋,其中的小黄圈呈反气旋特征,直径小于 1.6km,沿着 V 型缺口的方向,这个现象表示龙卷发生后有较强的反气旋下沉气流。

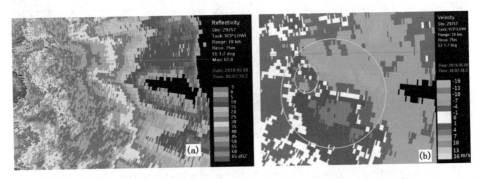

图 4.40　2018 年 6 月 8 日 14：07：39 的反射率因子和径向速度回波,
(a)反射率因子;(b)径向速度,大黄圈是中尺度气旋,小黄圈呈反气旋特征

4.6.3.2　双偏振参量的回波特征

龙卷观测网的 X 波段多普勒天气雷达具有双偏振探测能力,可获得 Z_{di},CC,ϕ_{dp} 以及 K_{dp} 等信息,探测龙卷过程中的偏振参量回波及演变有何特征,值得分析。

(1)差分反射率因子 Z_{dr}

分析 13：54—14：09 期间 Z_{dr} 的动态回波特征,图 4.41 是 2018 年 6 月 8 日 Z_{dr}

的分布,图 4.41a 和图 4.41b 的仰角 2.7°,图 4.41c 和图 4.41d 的仰角 1.7°,分别对应着龙卷发生前 10min、前 5min、龙卷发生时以及龙卷发生后的时间。发现强回波区(50dBZ)对应的 Z_{dr} 值也较高。分析龙卷发生前后 Z_{dr} 的演变,中尺度涡旋内的强回波对应正而大的 Z_{dr},取值范围在 1.5～3.0dB。反映了龙卷过程中水凝物密度与 Z_{dr} 的关系。

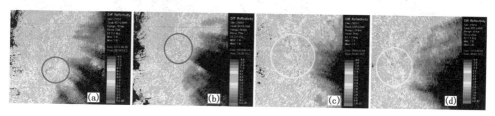

图 4.41　2018 年 6 月 8 日的 2.7 的 Z_{dr} 分布
(a)13:54:54;(b)14:00:16;(c)14:05:39,(d)14:07:39,(a)和(b)的仰角 2.7°,
(c)和(d)的仰角 1.7°,图中圆圈均对应着中尺度涡旋的区域

(2) 差分相移率 K_{dp}

图 4.42 是 2018 年 6 月 8 日差分相移率 K_{dp} 的动态变化,图 4.42a 和图 4.42b 的仰角 2.7°,图 4.42c 和图 4.42d 的仰角 1.7°,分别对应着龙卷发生前 10min、前 5min、龙卷发生时以及龙卷发生后的时间。分析可知,图中的圆圈均对应着中尺度涡旋区(回波强度 Z≥50dBZ),圈内的 K_{dp} 数值较大,在 3.1～7.0 之间,为跟踪预警提供了参考信息。

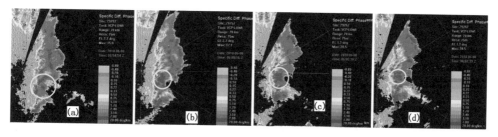

图 4.42　2018 年 6 月 8 日 K_{dp} 分布
(a)13:54:54,(b)14:00:16,(c)14:05:39,(d)14:07:39,(a)和(b)的仰角 2.7°,
(c)和(d)的仰角 1.7°,图中圆圈均对应着中尺度涡旋的区域

(3) 相关系数 CC(correlation coefficient)

图 4.43 是 2018 年 6 月 8 日相关系数 CC 的动态变化,图 4.43a 和图 4.43b 的仰角 2.7°,图 4.43 c 和图 4.43d 的仰角 1.7°,分别对应着龙卷发生前 10min、前 5min、龙卷发生时以及龙卷发生后的时刻。分析可知,图中的圆圈均对应着中尺

度涡旋区(回波强度 $Z \geqslant 50\mathrm{dBZ}$,圈内的 CC 值小于 0.95,表示涡旋内的水凝物是混合相态的,龙卷发生前 CC 值小于 0.95 的面积较大,龙卷发生时及发生后,CC 值小于 0.95 的面积逐渐减少,为预警提供了参考信息。

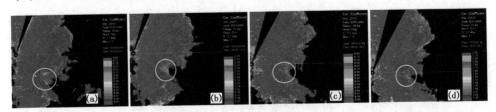

图 4.43　2018 年 6 月 8 日相关系数 CC 的动态变化
(a)13:54:54;(b)14:00:16;(c)14:05:39,(d)14:07:39,(a)和(b)的仰角 2.7°,
(c)和(d)的仰角 1.7°圆圈内对应着中尺度涡旋,数值小于 0.95

4.6.4　龙卷预警过程小结

龙卷是剧烈变化的小尺度系统,预警难度大。利用多普勒天气雷达的速度资料识别中尺度涡旋,为及早识别并预警龙卷的发生提供了判断依据。佛山多发龙卷,有许多与台风环流北上有关。据佛山市龙卷风研究中心黄先香预报员介绍,这次 2018 年 6 月 8 日的南海大沥龙卷,出现在 14:03 前后,预警是 13:05 发出的,提前了 58min,这次能提前预报出佛山南海的龙卷,是全国较早的一个龙卷风预警记录。

佛山市龙卷风研究中心是利用广州 S 波段多普勒天气雷达与佛山 X 波段双偏振天气雷达观测网的资料一起相互验证做出判断的。南海大沥龙卷风暴是夹杂在强降雨回波带中。广州 S 波段多普勒雷达反射率因子产品显示,8 日中午前后,一条南北向的强回波带自南向北影响佛山,强回波带由多个对流单体组成,单体之间间隙较小,几乎连续。最早在 12:50 前后广州雷达上监测到微型超级单体风暴,虽然当时对应低层速度图上还是弱中气旋,考虑到当天的环境条件有利于龙卷的发生,当时预报人员预计中气旋会进一步加强,而且未来风暴影响的区域是佛山历史龙卷的高发区,基于上述因素的考虑,龙卷中心在 13:05 针对南海大沥等 5 个镇街发出了龙卷预警。实际上产生南海大沥龙卷的母体风暴是由后面新生的微型超级单体产生的,广州雷达上最早在 13:30 前后出现中气旋,即在龙卷发生前半个小时看到较明显的中气旋,如图 4.34 所示。

据佛山市龙卷风研究中心的专家介绍,2018 年佛山出现了两个台风龙卷,一个是 6 月 8 日"艾云尼"南海大沥龙卷(EF1 级),还有一个是 9 月 17 日"山竹"佛山三水白坭龙卷(EF2 级),这个龙卷也是提前 37 分钟发出预警。

§4.7　2018年8月台风"摩羯"雨带在天津和山东引发龙卷的回波分析

4.7.1　天气概况

2018年第14号台风"摩羯"（强热带风暴级）的中心于8月12日23:35前后在浙江温岭沿海登陆,登陆后迅速北上,不仅给多地带来了暴雨和大风,还使得天津和山东等地出现少见的龙卷风。根据多地的S波段新一代多普勒天气雷达资料,分析8月13日发生在天津静海区和8月14日发生在山东多地的龙卷回波,可以看到此次台风雨带造成的龙卷演变特征。

4.7.2　天津静海台风雨带龙卷

受2018年14号台风"摩羯"雨带的影响,天津静海发生了龙卷。据资料显示,静海龙卷发生在2018年8月13日17:30左右,持续时间十多分钟。

由于静海距离沧州雷达70km左右,距离天津塘沽雷达也为70km左右,对比分析了天津塘沽雷达和沧州雷达的多普勒雷达资料。

沧州雷达位于天津雷达的西南方向,距离天津雷达约110km。位于天津西北部的台风雨带回波正好可以被沧州雷达探测到。静海距离沧州雷达70km左右,位于沧州的正北方向,因此分析两部雷达的回波,可以清楚地了解回波结构。

天津S波段新一代多普勒天气雷达

从2018年8月13日16:00开始,距离天津雷达站45km的武清附近,有一条自东北向西南方向的回波带,最强回波有两处,分别位于雷达的西北部（A区）和北部（B区）,达到50dBZ以上,随着时间推移,其位置没有太大变化,但是断裂成以两处强回波为主的两条回波带。16:54处于雷达西南偏西的大城附近有3处强度大于40dBZ的小块强回波生成（C区）,这几处回波在低仰角时强度不大,有一处甚至看不到,当抬高到2.4°仰角时,则可明显被观测到。此后,C处回波迅速发展变强并与A处的回波短带（此时已移动到站点西侧）合并。17:36静海处于该回波带的强中心位置,且强回波大于45dBZ,直到18:30强回波才逐渐移出静海,图4.44是2018年8月13日天津雷达在16:06、16:54、17:36、18:06四个时次的1.5°仰角的反射率因子图（A、B、C区域已在图中用红圈标出）。

根据资料显示,静海龙卷发生在8月13日17:30左右,持续时间10分钟,图4.45是2018年8月13日17:24天津雷达在静海附近的回波特征,图4.45左是4.3°仰角强度图;图4.45中是6.0°仰角速度图;图4.45右是反射率因子垂直剖面图RCS,左图中的点虚线为剖面方向。17:24静海处于相对台风移动方向的右侧,

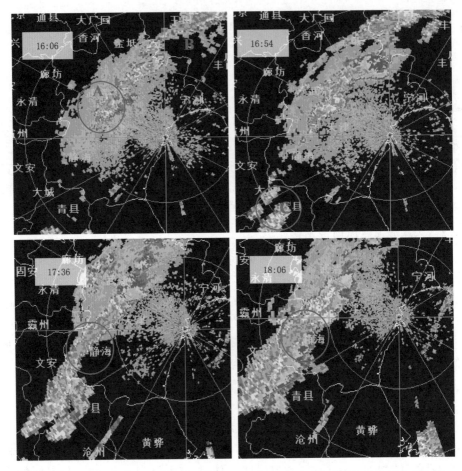

图 4.44　2018 年 8 月 13 日天津雷达在 16:06、16:54、17:36 以及 18:06 四个时次的
1.5°仰角的反射率因子图(A、B、C 区域已在图中用红圈标出)

低仰角时回波不明显,如图 4.45 右所示,但当抬高仰角到 4.3°时可以明显看到回波强度变大,且最大强度达到 60dBZ。6.0°仰角速度图上存在正负速度对呈气旋性辐散特征,符合高层辐散的特点,见图 4.45 中的红圈。沿图 4.45 左的点虚线方向做垂直剖面 RCS(reflectivity cross section),可清楚地看到回波的垂直结构,回波高度达到 9km,云体发展高度较高,最强回波在降水云体的高层,正处于风暴发展阶段,强风暴特征明显。

　　图 4.46 是 2018 年 8 月 13 日 17:30 天津雷达 0.5°仰角在静海附近的回波特征,左图是反射率因子,右图是径向速度;当时静海正发生龙卷,黄圈内径向速度呈反气旋下沉特征,但回波强度已减弱。

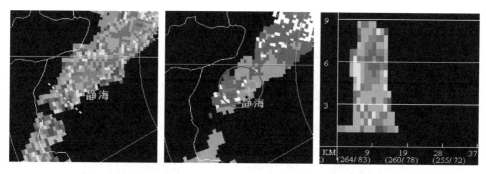

图 4.45 2018 年 8 月 13 日 17:24 天津雷达在静海附近的回波特征,左图是 4.3°仰角强度图;
中图是 6.0°仰角速度图,红圈内呈气旋性辐散;右图是反射率因子垂直剖面图 RCS,
左图中的点虚线为剖面方向

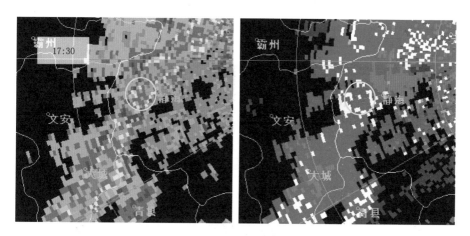

图 4.46 2018 年 8 月 13 日 17:30 天津雷达 0.5°仰角在静海附近的回波特征,左图是反射
率因子,右图是径向速度;黄圈内径向速度呈反气旋下沉特征,回波强度已减弱

2018 年 8 月 13 日 18:18,天津新一代多普勒天气雷达给出了中气旋(M)产品,如图 4.47 所示。虽然没有编号,但观察该时次附近的速度和强度图可以看到,此时静海附近有较强的对流性回波,且 1.5°仰角的速度图上存在尺度很小的正负速度中心,图 4.47 上大圆圈内的小圆圈为雷达识别出的中气旋,呈现出辐合性旋转的特征。

图 4.48 是 18:42 和 18:48 时次 1.5°仰角的速度图,也可以看到静海西侧有沿方位角或沿径向的若干正负速度对(见图中圆圈),表明此区域存在旋转或辐合辐散的气流特征。

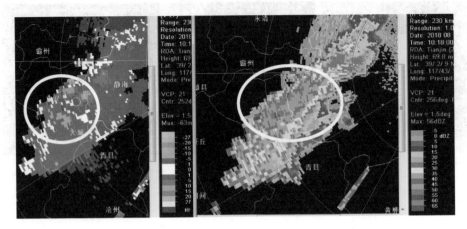

图 4.47　2018 年 8 月 13 日 18：18 天津雷达 1.5°仰角的速度图(左)和强度图(右)，
大圆圈内的小圆圈为雷达识别出的中气旋，呈现出辐合性旋转的特征

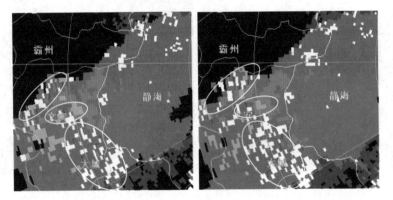

图 4.48　2018 年 8 月 13 日 18：42(左)和 18：48(右)天津雷达 1.5°仰角的径向速度

4.7.2.2　沧州 S 波段新一代多普勒天气雷达

图 4.49 是 2018 年 8 月 13 日 17：06、17：36、18：00 和 18：30 四个时次的沧州
雷达反射率因子回波(1.5°仰角)演变特征，从 17：06 的回波可以看到，位于武清附
近的最强回波达到 60dBZ，范围小，而后强回波靠近静海方向移动并发展变强。
17：12 开始(图略)，武清、大城的回波连成一条对流回波带并向西北发展移动，回
波带为自东北向西南走向，长度约 180km；17：36 静海附近处于回波带中心位置，
最强反射率因子达到 60dBZ(见图中圆圈)；18：00 强回波集中在静海附近(见图中
圆圈)；18：30 后强回波逐渐移出静海(见图中圆圈)。对比分析发现，沧州雷达回
波的发展演变特征与天津雷达的特征相一致。

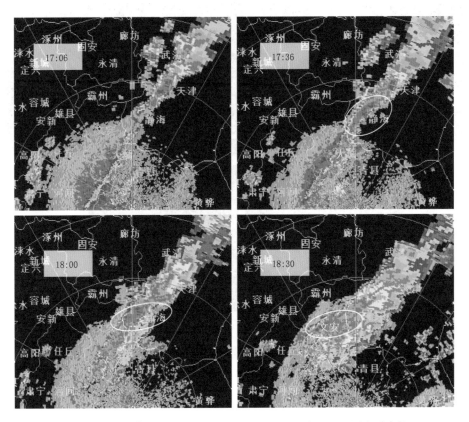

图 4.49　2018 年 8 月 13 日 17:06、17:36、18:00 和 18:30 四个时次的
沧州雷达 1.5°仰角的回波强度

图 4.50 是 2018 年 8 月 13 日 17:30 沧州雷达的回波,正对应着龙卷发生的时刻,上左图是 3.4°仰角的强度,静海附近的回波达到 60dBZ,上中图是对上左图的黑线做的反射率因子垂直剖面,可看到回波顶发展到 15km,最强回波中心在 3km 高度,上右图是 6.0°仰角的强度,计算该处回波高度可达 8.5km,说明静海附近回波发展高;下左图是 0.5°仰角的速度,圆圈内的正负速度对呈辐散型反气旋下沉,与天津雷达的观测结果相似;下右图是 3.4°仰角速度,均有相距较近的正负速度对,呈气旋型特征。

值得注意的是,2018 年 8 月 13 日 18:00、18:06、18:12 三个时次沧州新一代多普勒雷达均给出了中气旋(M)产品。图 4.51 是 2018 年 8 月 13 日 18:12 回波图,左上是 0.5°仰角速度图,黄色圆圈位置为中气旋产品,呈反气旋辐散;右上是 0.5°仰角阵风锋特征;左下是 3.4°仰角强回波特征,达到 60dBZ;右下是 6.0°仰角,

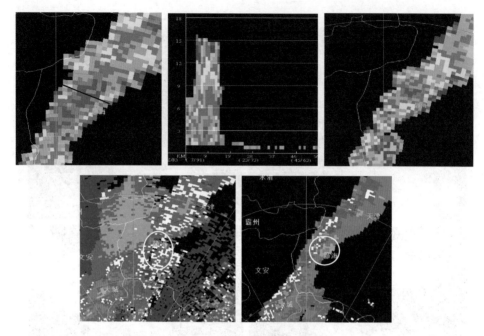

图 4.50　2018 年 8 月 13 日沧州雷达 17:30 静海附近回波图,上左图是 3.4°仰角强度,
上中图是上左图中黑线的垂直剖面 RCS,上右图是 6.0°仰角强度;
下左图是 0.5°仰角速度,下右图是 3.4°仰角速度

有旁瓣回波和三体散射回波,红色箭头方向为回波移动方向。分析可知,在 0.5°
仰角速度图上可以看到静海地区有反气旋性辐散,对应时刻 0.5°仰角的强度图上
看到有明显的外流边界(阵风锋),由阵风锋、旁瓣以及三体散射这些回波特征,可
以判断该地发生了雷暴强下沉气流、下击暴流和冰雹,图中红色箭头位置为回波移
动方向。

4.7.3　2018 年 8 月 14 日山东台风"摩羯"螺旋雨带的龙卷回波

　　图 4.52 是 2018 年 8 月 14 日潍坊多普勒雷达反射率因子图(0.5°仰角),显示
了台风"摩羯"的螺旋雨带回波的演变,12:25 济南、泰安一线有一条较强的台风外
围对流回波带生成并向东移动,位于该回波带东部的潍坊雷达站西南端不断有新
生的对流单体生成并逐渐与该对流回波带合并。17:02 该南北向回波带覆盖范围
北至东营南至枣庄,长度大于 400km,最大反射率因子达到 50dBZ,潍坊雷达站处
于回波带的中心位置。由图 4.52c 可见明显的台风眼结构在雷达站西北部,该回
波带即为台风外围的螺旋雨带。

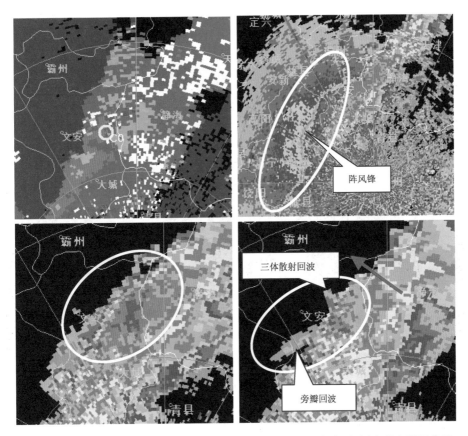

图 4.51　2018 年 8 月 13 日 18:12 沧州雷达回波,左上:0.5°仰角速度图,黄色圆圈位置为中气旋产品,反气旋辐散型;右上:0.5 度仰角阵风锋特征;左下:3.4 仰角强回波特征;右下:6.0°仰角,旁瓣回波和三体散射回波,红色箭头方向为回波移动方向。

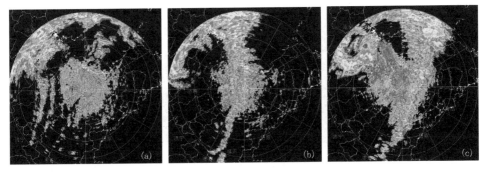

图 4.52　2018 年 8 月 14 日潍坊雷达(0.5°仰角)反射率因子显示的台风外围螺旋雨带回波演变(a)12:25;(b)17:02;(c)19:04

2018年8月14日上午山东潍坊昌邑北部出现龙卷风横扫村庄的灾害,持续时间约10分钟,图4.53是2018年8月14日山东潍坊雷达在昌邑附近的回波发

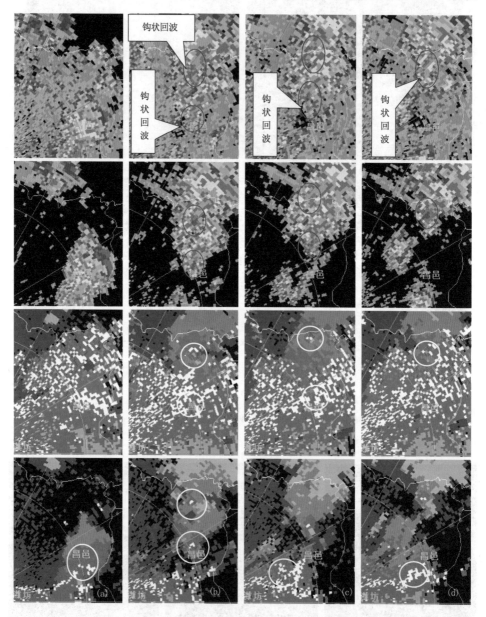

图4.53 2018年8月14日山东潍坊雷达在昌邑附近的回波发展演变,纵向第一排为0.5°仰角反射率因子;第二排为2.4°仰角反射率因子;第三排为0.5°仰角速度图,第四排为1.5°仰角速度图,横向是时间序列,(a)08:59;(b)09:46;(c)09:58;(d)10:15

展演变,纵向第一排为 0.5°仰角的反射率因子;第二排为 2.4°仰角的反射率因子;第三排为 0.5°仰角的速度,第四排为 1.5°仰角的速度,横向是时间序列((a)08:59;(b)09:46;(c)09:58;(d)10:15),分析昌邑附近回波演变可知,08:59 对流性回波移动到昌邑南部,回波强度达到 50dBZ,抬高仰角后回波强度更强,最大达到 55dBZ。回波北移且发展成两块强回波,09:46 之后可以看到回波有钩状结构,直到 11:00 强回波才移出昌邑。09:46 的 0.5°和 1.5°仰角速度图上可以看到昌邑附近有相邻的正负速度对,符合中气旋特征。

2018 年 8 月 14 日 13 时左右,山东东营市利津县突现龙卷风,持续时间大约为 15 分钟。图 4.54 是 2018 年 8 月 14 日潍坊雷达 2.4°仰角在利津附近的回波演变((a)12:25;(b)13:00;(c)13:18;(d)13:30),上排为反射率因子;下排为风暴相对平均径向速度 SRM。利津位于雷达站西北方向 100km 左右。12:25 时刻位于利津县东南部方向的一小块对流回波向利津方向移动并加强,低仰角时强度达 55dBZ,而抬高仰角时回波仍然没有减弱。之后回波加强,13:18 时最大反射率因子已经达到 60dBZ,强回波在 2.4°仰角时范围最大且明显。13:30 雷达给出了中气旋(M)产品(小黄圈是雷达识别的中气旋)。由于风暴相对平均径向速度图中剔除了环境风的影响,可以较清楚地看到这块回波对应位置的风场存在明显的正负

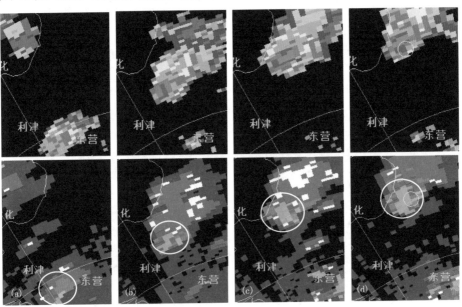

图 4.54　2018 年 8 月 14 日山东潍坊雷达在利津附近的回波演变,上排为 2.4°仰角的反射率因子;下排为风暴相对平均径向速度 SRM,(a)12:25;(b)13:00;(c)13:18;(d)13:30
(小黄圈是雷达识别的中气旋)

速度对,中气旋产品的风暴属性给出的中气旋底高为 2.0km,符合中气旋特征。因此,根据强对流回波、回波发展高度高、中气旋特征的正负速度对以及中气旋产品等特征,为预警龙卷提供了参考依据。

　　图 4.55 是 2018 年 8 月 14 日 17:49 潍坊雷达 0.5°仰角观测的雷达站偏西北方向东营东侧的回波,左是反射率因子,右是径向速度,回波强度达到 55dBZ,径向速度图上东营附近有一个像素大小的正负速度对(箭头所指),具有类似 TVS 的特征。图 4.56 是 2018 年 8 月 14 日 17:49 潍坊雷达 0.5°仰角观测的雷达站偏东北方向距离 35km 的强回波和速度切变,左是反射率因子,右是径向速度,有明显的沿方位角的速度切变(箭头位置),在反射率因子上相应位置表现为较强的对流性回波,回波强度大于 50dBZ,最大反射率因子达到 55dBZ。

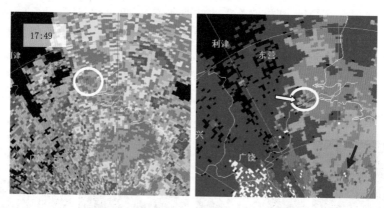

图 4.55　2018 年 8 月 14 日 17:49 潍坊雷达 0.5°仰角观测的雷达站偏西北方向
东营东侧的回波;左:反射率因子;右:径向速度

图 4.56　2018 年 8 月 14 日 17:49 潍坊雷达 0.5°仰角观测的雷达站偏东北方向
距离 35km 的强回波和速度切变,左:反射率因子;右:径向速度

图 4.57 是 2018 年 8 月 14 日 18:06 潍坊雷达 0.5°仰角观测的寿光东侧强回波,距离雷达站点 25km 左右,圆圈内为钩状回波,达到 55dBZ,速度图上相应位置有相邻的正负速度中心,与钩状回波的位置相对应(见黄圈)。

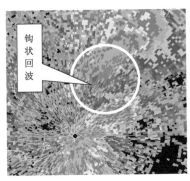

图 4.57　2018 年 8 月 14 日 18:06 潍坊雷达 0.5°仰角在寿光东侧的强回波,
左:反射率因子,圆圈内为钩状回波;右:径向速度,圆圈内的速度对为中尺度涡旋

图 4.58 是 2018 年 8 月 14 日 18:36 潍坊雷达给出了中气旋(M)产品,中气旋标记一直持续了 4 个时次,到 18:59 标记消失。其中 18:47 相应位置还给出了龙卷涡旋特征(TVS)产品(略)。在 1.5°反射率因子图上可以看到对应位置存在强回波,最大回波强度达到 55dBZ。0.5°速度图上存在强的速度切变,18:36 其底部到地面的高度显示为 1.2km,18:47 时风暴底部到地面的高度为 0.6km,符合中气旋逐步向下发展的特点。

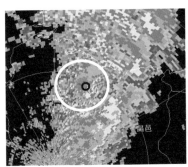

图 4.58　2018 年 8 月 14 日 18:36 潍坊雷达回波,左:1.5°仰角的反射率因子,
大圆圈中的小黑圈是中气旋(M)产品,右:0.5°仰角速度,速度对清晰可见

图 4.59 是 2018 年 8 月 14 日 19:11 潍坊雷达 0.5°仰角的回波,左是强度图;右是速度图;25km 距离上,东北方向有中气旋的速度对,东南方向的逆风区表明气流强辐合;潍坊出现了对流性暴雨天气。

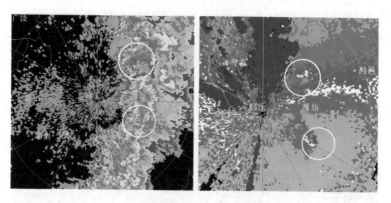

图 4.59　2018 年 8 月 14 日 19：11 潍坊雷达 0.5°仰角的回波，左：强度图；右：速度图，
25km 距离上，东北方向有中气旋的速度对，东南方向的逆风区表明气流强辐合

4.7.4　分析结论

　　2018 年 8 月 13 日和 14 日的台风"摩羯"的雨带给天津和山东多地带来龙卷。
"摩羯"台风从浙江温岭登陆后北上，8 月 13—14 日天津和山东中东部地区正处于
台风外围的螺旋雨带中，有强烈的对流活动。此次发生在天津和山东多地的龙卷
属于典型的台风雨带引起的龙卷。从反射率因子图和径向速度图上可以看到天津
和山东多地出现有明显的中气旋及龙卷特征的回波，包括钩状回波、中气旋以及
TVS 速度对等，中气旋（M）产品和龙卷涡旋特征（TVS）产品也可作为参考，有中
气旋不一定发生龙卷，当给出以上两种产品时，应仔细观察附近位置的强度和速度
产品做出综合判断，特别是当龙卷发生后，近地面速度对多呈反气旋辐散特征。

　　总之，以上七个个例说明龙卷可以在不同的天气条件下产生，但在雷达探测上
会有一些基本相似的特征。江苏阜宁特强龙卷是由具有超长生命史的超级单体产
生的，它具有明显的钩状回波，旁瓣及三体散射特征，并被识别出高度高、厚度大的
TVS。海南文昌龙卷是由两块强对流回波在移动过程中相互作用，合并后风暴单
体迅速增强增高而产生的。安徽阜阳龙卷是强与弱两个风暴单体合并后，风切变
迅速增大而产生的，并被雷达波束在最低仰角高度上探测到 TVS。广东彩虹台风
中的龙卷，产生在台风外围螺旋雨带中，它是具有明显钩状回波特征的超级单体形
成的。当它移动到靠近佛山的 X 波段双线偏振多普勒天气雷达时，在考虑到地形
遮挡及降水衰减影响后，仍能分所出 TVS 存在的各个双线偏振参数的特征。安徽
天长的龙卷发生前 30min 雷达连续给出中气旋产品，大约 5min 之前给出 TVS 产
品，这对龙卷的预警是非常有用的信息。佛山是龙卷多发地区，2018 年 6 月 8 日
的佛山龙卷，与台风环流北上有关，这次能提前 58min 预报出佛山南海的龙卷，是

根据雷达回波特征与预报员的经验相结合,是全国较早的一个预警记录。2018 年
8 月 13 日和 14 日的台风"摩羯"雨带,给天津和山东带来诸多龙卷。多地出现有
明显的中气旋及龙卷特征的回波,包括钩状回波、中气旋以及 TVS 速度对等,这就
推断有较大概率发生龙卷,实际证明确有龙卷。

§4.8　两类对流风暴形成龙卷过程[①]

　　上面几个个例说明龙卷可以发生在冷锋前飑线以及台风螺旋雨带等不同的天
气系统中,但龙卷最终都是由两种不同的对流风暴单体产生的,一种是超级单体,
另一种是非超级单体,它们形成龙卷的过程和雷达探测的表现特点与难度也不相
同。下面分别作一扼要阐述。

4.8.1　超级单体形成龙卷过程

　　(1)γ 尺度的中气旋是由切变尺度、垂直方向伸展尺度及持续性尺度来衡量。
中气旋的切变强度通常是以速度差来估计,但是包括反射率结构、雷达的安装地点
等,都必须加以考虑。

　　(2)中气旋的生命史包括生成、成熟和消亡三个阶段。速度特征在成熟阶段具有
明显的图像特征,即辐合性旋转出现在低层,无辐散纯旋转出现在低到中层,辐散性旋
转出现在中到高层,纯辐散层出现在风暴顶,并且在成熟阶段龙卷的强度达到最强。

　　(3)多个中气旋核可能产生于某个风暴,如果这样,第二个以及后续的中气旋
核的发展比第一个快得多,在龙卷家族中也如此(如§4.5 所示)。

　　(4)关于 TVS

　　①TVS 具有少见、强烈、库到库切变的特点,它和对中气旋识别相似,可以利
用切变、垂直方向伸展尺度和持续性来分辨。

　　②由于雷达波束分辨率的局限性,TVS 只能定义在一定的探测距离以内,如
果 TVS 特征能被确定的话,那么龙卷警报就有很大把握。但是有些龙卷否是出现
与 TVS 无关。

　　③TVS 可能首先出现于中层,或者处于最低的有效高度角的扫描平面上。

4.8.2　非超级单体形成龙卷过程

　　(1)并非所有龙卷都与超级单体有关,实际对流风暴产生强涡旋似乎存在多种
机制,而且,在同一风暴内的不同龙卷可能是不同物理过程的结果。

　　(2)超级单体龙卷与持续、深厚的中气旋有关,与之相比,非超级单体龙卷通常

　　①　引自:WSR-88D 教程,中国气象局培训中心科学技术培训部,2000 年 11 月。

与被称为微气旋的浅薄边界层的涡旋有关,雷达可探测微气旋的范围在 3.7km 以内。

(3)可以通过相对孤立的非超级单体风暴来识别微气旋及其相关龙卷,它们位于强飑线(特别是有弓状回波的飑线)的前边界处。微气旋也可以通过风暴的演变来识别,它们经常出现于风暴发展的非降水(塔状积云)阶段。

(4)虽然非超级单体龙卷通常比深厚中气旋中的龙卷更小、更弱、生命史更短,但是许多非超级单体龙卷达到了 F2 级强度,它们能够导致严重灾害。

(5)边界层涡旋(即微气旋)易于沿中尺度地面边界层或在其相交区发展,例如,辐合风线、切变区、海风锋或雷暴外流边界上。非超级单体龙卷通常在发展的上升气流与先前存在的涡旋相遇时产生,被上升气流拉伸似乎是微气旋旋转达到龙卷强度的主要机制

(6)当风暴含有雨而下落带动下沉气流发生代替低层涡旋附近的上升气流时,龙卷维持的机制消失,此时,微气旋和龙卷迅速消失。

(7)微气旋在水面上发展所形成的龙卷称为海龙卷,在陆面上发展所形成的龙卷称为陆龙卷。

(8)由于非超级单体龙卷与风暴发展的塔状积云阶段紧密相联,因而微气旋在雷达回波探测之前就发展了,结果,很难及时地探测到非超级单体龙卷旋转以提供有效的警报。发布有效的警报的另一个障碍是微气旋的小尺度效应,它限制了雷达对这些尺度旋转的可探测距离。由于与微气旋有关的强旋转通常限于在一浅薄的近地面层,因此,非超级单体龙卷有相对较短的生命史,对警报的发布也产生不利的影响。

(9)虽然许多非超级单体龙卷可能不会被雷达探测到,但是 S 波段多普勒天气雷达可以探测到 92km 或更远距离范围的辐合边界,由于辐合边界与非超级单体龙卷有关,所以可用它代表最大龙卷威胁的关键区域。

①强的水平切变(辐合特征)边界,可作当龙卷可能形成的位置来监测。

②波状曲折区域(波状的顶)、边界相互作用区和最大反射率区,特别有可能成为非超级单体龙卷的发源地。

参考文献

[1] 周后福,刁秀广,夏文梅,等. 江淮地区龙卷超级单体风暴及其环境参数分析[J]. 气象学报,2014,(2):306-317. doi:10.11676/qxxb2014.016.

[2] 朱江山,刘娟,边智,等. 一次龙卷生成中风暴单体合并和涡旋特征的雷达观测研究[J]. 气象,2015,41(2):182-191.

[3] Lemon L R. The Flanking Line, a Severe Thunderstorm Intensification Source[J]. J Atmos Sci,1976,33:686-694.

［4］　Stumpf G J，Witt A，Mitchell E D，et al. The National Severe Storms Laboratory mesocy-clone detection algorithm for the WSR-88D＊［J］. Wea Forecasting，1998，13：304-326.

［5］　Mitchell E D W，Vasiloff S V，Stumpf G J，et al. The National Severe Storms Laboratory tornado detection algorithm［J］. Wea Forecasting，1998，13：352-366.

［6］　Toth M，Trapp R，Wurman J，et al. Comparison of mobile-Radar measurements of tornado intensity with corresponding WSR-88D measurements［J］. Weather and Forecasting，2013，28：418-426.

［7］　张建云，张持岸，葛元，等. 1522 号台风外围佛山强龙卷 X 波段双偏振雷达产品特征［J］. 气象科技，2018，46(1)：163-169.

［8］　Marquis J N，Richardson Y，Paul Markowski，et al. Tornado maintenance lnvestigated with high-Resolution dual-Doppler and EnKF analysis［J］. Monthly Weather Review，2012，140 (1)：3-27.

［9］　Wurman J，Kosiba K. Finescale radar observations of tornado and mesocyclone structures ［J］. Weather and Forecasting，2013，28：1157-1173.

［10］　McLaughlin D，Coauthors，Short-wavelength technology and the potential for distributed networks of small radar systems［J］. Bull Amer Meteor Soc，2009，90：1797-1817.

［11］　Kumjian M R，Ryzhkov A V. Polarimetric Signatures in Supercell Thunderstorms［J］. Journal of Applied Meteorology and Climatology，2008，47：1940-1961.

［12］　李彩玲，炎利军，李兆慧，等. 1522 号台风"彩虹"外围佛山强龙卷特征分析［J］. 热带气象学报，2016，32(3)，416-424.

［13］　Fujita T T. Tornadoes and downbursts in the context of generalized planetary scales［J］. J Atmos Sci，1981，38：1511-1534.

［14］　Dowell D C，Alexander C R，Wurman J M，et al. Centrifuging of hydrometeors and debris in tornadoes：Radar-reflectivity patterns and wind-measurement errors［J］. Mon Wea Rev，2005，133：1501-1524.

［15］　Ryzhkov A V，Burgess D，Zrnic′D，et al. Polarimetric analysis of a 3 May 1999 tornado ［R］. Preprints，22nd Conf. on Severe Local Storms，Hyannis，MA，Amer Meteor Soc，14. 2. 2002. ［Available online at http://ams. confex. com/ams/pdfpapers/47348. pdf］.

［16］　Bluestein H B，French M M，Tanamachi R L，et al. Close-range observations of tornadoes in supercells made with a dual-polarization，Xband，mobile Doppler radar［J］. Mon Wea Rev，2007，135：1522-1543.

［17］　Ryzhkov A V，Schuur T J，Burgess D W，et al. Polarimetrictornado detection［J］. J Appl Meteor，2005，44：557-570.

［18］　刘娟，朱君鉴，魏德斌，等. 070703 天长超级单体龙卷的多普勒雷达典型特征［J］. 气象，2009，35(10)：32-39.

［19］　Kessler E. 雷暴形态学和动力学［M］. 包澄澜，党人庆，朱锁凤，等，译. 北京：气象出版社，1991.

第5章　龙卷涡旋特征算法本地化与改进^{①[1]}

龙卷涡旋特征(TVS)识别算法有新老两种版本,老版本对 TVS 识别的算法是建立在首先识别出中气旋(M)的基础上,新版本 TVS 识别的算法不以首先识别出中气旋(M)为先决条件,它是独立于中气旋探测算法的。下面分别介绍这两种算法。

§5.1　WSR-88D 旧版本中 TVS 的算法和产品

5.1.1　TVS 定义与算法

5.1.1.1　TVS 定义

TVS 和方位上相邻库之间的强切变有关,若库间切变满足:

①库间切变≥90kts(1kts＝1 节＝1 海里/h＝1.85km/h)(且距雷达＜30 n mile,1n mile＝1 海里＝1.85km),或库间切变≥70kts(且距雷达在 30～55 n mile之间),则可识别为 TVS。

②垂直方向伸长超过两个仰角。

③持续时间在一个体扫以上。

5.1.1.2　TVS 算法

它与中气旋算法同时运行,TVS 算法只搜索已由算法识别出的中气旋(加上中气旋周围向外扩展 5% 面积的区域)以确定每个二维特征(即每个仰角平面上的特征)中最大的指向和离开雷达的速度 $|-V_r|_{max}$ 和 $|+V_r|_{max}$,令两个最大值间距离为 ΔD,则计算切变为

$$切变 = \frac{|-V_r|_{max} + |+V_r|_{max}}{\Delta D}$$

若上述切变值(它是个平均值)＞72 节/km 最小临界值(72 节/km 是可调参数),则与该切变相联系的涡旋被可识别为潜在龙卷。注意 72 节/km 是对平均切

---

①　引自:朱君鉴.龙卷涡旋特征算法本地化与改进.

变的要求,它不是库间切变,是在 M 基础上向外扩展 5% 面积进行搜索的结果,它与库间切变要求 90 节或 70 节是不相同的。

再在中气旋范围内做垂直相关,如果有两个以上仰角存在潜在的 TVS,则相应的三维结构被识别为 TVS。

5.1.2　该算法的局限性

(1)一般必须先用 M 算法识别 M 后,再用 TVS 算法识别龙卷,但龙卷不一定都发生在中气旋中。

(2)探测 TVS 的有效距离为 20~100km,远距离上因波速变宽,难以探测到这种小环流,若能探测到,则称为类 TVS,类 TVS 不一定能保证到达地面。

(3)TVS 定义与 TVS 算法略有不同,定义中切变是库到库的,而算法中切变是 $|-V_r|_{max}$ 到 $|+V_r|_{max}$ 间的切变值。

(4)TVS 表示该处有较大可能发生龙卷,但不一定要到探测到 TVS 才发布龙卷警报,应尽量依据 M 等其他产品及分析速度资料判断 TVS,提前发布龙卷警报。

(5)不同气候区,参数值应适当调整。

(6)TVS 被识别的前提,要求至少有一个 M 被识别出来。

(7)TVS 有效探测距离为 10~55nm,超过此距离,由于各仰角间距离增大,算法性能会不降。

5.1.3　TVS 可调参数

在 UCP 上可以调整以下两个参数:

(1)TVS 算法中最重要的可调参数是最小切变阈值 TTS。雷达站可以把该值调低,但不要低于 5(m/s)/km。降低 TTS 将增加探测到弱的或远距离处的龙卷的概率,但同时算法也会产生更多的误警。

(2)切变搜索百分比(5.0%)。

(3)字符产品的第二页是 TVS 算法可调参数的清单。

5.1.4　TVS 图形产品

(1)TVS 用红色倒等腰三角形表示,并将▽标在搜索到 TVS 的强切变的最低仰角上那个距离段的中心处。

(2)图形产品的顶部附有 TVS 属性表,给出 TVS 的代号、方位/距离,最大切变的高度(ARL)、切变值大小,以及最大、最小速度位置相对于径向的取向(方位角)、速度场的旋转值等。

(3)TVS 字符型产品,并列出了可调参数,如最小切变临界值,搜索时环绕 M 增加的面积等。

5.1.5　产品图例

图 5.1 是雷达站 1993 年 4 月 16 日 15 时 16 分探测到的 TVS 图形产品。

最大探测距离 $R_{max}=230\mathrm{km}$，但探测 TVS 的有效距离约为 $20\sim110\mathrm{km}$，远距离上因波速变宽，难以探测到这种小环流，若能探测到，则称为类 TVS，类 TVS 不一定能保证到达地面。

扫描模式 VCP21，产品代码：61TVS。

用红色倒三角表示龙卷涡旋信号，表示在该处可能发生龙卷。

```
                        ALPHA PRODUCT 61 (TVS   KOSF 01:30  04/17/93)        PAGE 1 OF 2
COMMAND:  D,A,
FEEDBACK: EXECUTED - F11: ALPHANUMERIC HARDCOPY

                                  TORNADO VORTEX SIG
         RADAR ID 577        DATE/TIME  04:17:93/01:30:25        NUMBER OF STORMS  9

TVS  MESO  STORM    BASE HGT   AZRAN     MAX SHEAR HGT    AZRAN      SHEAR    ORI    ROT
 ID   ID    ID      (KFT)    (DEG-NM)      (KFT)       (DEG-NM)  (E-3/S) (DEG) (RAD)
  1    1     S       7.5     282/ 16       16.8         283/ 16      30    0.00  .053




                        ALPHA PRODUCT 61 (TVS   KOSF 01:30  04/17/93)        PAGE 2 OF 2
COMMAND:  D,A,
FEEDBACK: EXECUTED - F11: ALPHANUMERIC HARDCOPY

         TORNADO VORTEX SIGNATURE

         SEARCH PERCENTAGE       5.0 %
         MIN SHR VALUE           0.020 1/SEC
```

图 5.1　1993 年 4 月 16 日 15 时 16 分探测到的 TVS 图形产品

5.1.6　TVS 龙卷涡旋属性表内容

(1)STORM ID：距离 TVS 最近的被识别的风暴单体的标识号；

(2)AZRAN：TVS 的方位和距离；

(3)HEIGHT：最大切变出现的高度（ARL）；

(4)SHEAR：每秒千分之多少；

(5)DRI ROT：最大、最小速度连线相对于雷达径向的取向以及旋转速度大小。

上述 TVS 算法只在第 9 版之前的算法中使用。在第 10 版之后的算法中，TVS 是一个独立于中气旋的算法，其目的是不仅要识别与超级单体相联系的

TVS,而且要识别一些与龙卷(包括超级单体龙卷与非超级单体龙卷)有关的TVS,相应的算法称为龙卷探测算法 TDA。

§5.2　新的龙卷探测算法(TDA)

5.2.1　新旧算法差异

(1)NSSL 开发了一个新的龙卷探测算法:NSSL TDA[2],根据 WSR-88D 数据,用来确定与龙卷相联系的强烈小尺度涡旋。它对 WSR-88D 原有的龙卷涡旋式特征算法(88D TVS)进行了较大的改善。尽管旧的 88D TVS 对龙卷的误警率FAR 接近于零,但命中率 POD 也很低(说明漏报率高)。新的算法希望在大幅度提高龙卷探测的命中率 POD 的同时将误警率控制在合理水平。

(2)旧的 88D TVS 算法是在识别中气旋的基础上,再判断该中气旋中是否存在龙卷涡旋式特征 TVS,而新算法不以首先识别出中气旋为先决条件,因此,是独立于中气旋探测算法的。

(3)与旧的 88D TVS 相比,NSSL TDA 识别涡旋的主要特点是:

①寻找距雷达相同距离处相邻方位角的两个距离库间的径向速度切变;

②不要求算法首先识别中气旋。

5.2.2　算法结构

算法结构与中气旋算法类似。

(1)首先对每个仰角扫描,寻找距雷达相同距离处相邻方位角的两个距离库间的径向速度差,寻找过程要求在 150km 半径以内、10km 高度以下。图 5.2 说明了这个初始步骤。如果速度数据对应的反射率因子在 0dBZ 以下,则不予考虑。

(2)接下来考察下一个距离处的下一对速度数据。同时,如果任何速度数据受到距离折叠回波的影响或数据缺失,则继续考察下一个距离处的速度对。

(3)计算在距雷达相同距离处所有相邻速度距离库的速度差值和速度对的高度。如果速度差值超过一个规定的可调阈值(如 11m/s),则该速度对作为一个切变段储存起来。下列属性被记录下来:

开始和结束的方位角(°),

速度差值(m/s),

切变($s^{-1} \times 1000$),

距雷达的距离(km)和雷达以上的高度 ARL(km)。

(4)上述过程重复进行,直到一个雷达仰角扫描内的所有速度数据都被处理,并且所有超过速度差阈值的切变段都被找到。

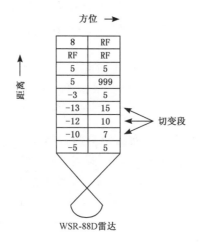

图 5.2　说明寻找距雷达相同距离处相邻方位角的
两个距离库间的径向速度差(图中 RF 为距离折叠)

　　(5)一旦确定了一个仰角扫描内所有切变段,然后确定每个仰角扫描的二维特征。

　　(6)构造二维特征的过程,按照下列次序使用 6 个速度差阈值:35m/s,30m/s,25m/s,20m/s,15m/s 和 11m/s,使用多个阈值的技术可以发现那些可能镶嵌在长的切变区(例如,沿雷达径向取向的飑线)内的涡旋核心。

　　(7)开始只考虑超过最大速度差阈值的切变段(例如 35m/s),每个二维特征至少由三个切变段构成,每个切变段的质心的方位角方向的距离要少于 1°(可调参数),径向距离小于 500m(可调参数)。一个实际龙卷事件中二维特征的例子如图 5.3 所示。上述过程继续直到所有二维特征被找到。

　　(8)计算所有二维特征的纵横比(径向尺度/方位方向尺度),如果纵横比超过规定的阈值(目前为 4),那么丢弃相应的二维特征。纵横比的检验是为了避免一些方位角方向的切变如阵风锋识别为涡旋(阵风锋的切变长度是很长的,故其纵横比会超过规定的阈值)。

　　所有剩余的(没有丢弃的)二维特征被认定为"二维涡旋",其相应的质心的方位角(°)、距离(km)、最大速度差值(m/s)、最大切变(s⁻¹×1000)和高度 ARL(km)被记录和储存。

　　上述过程对低一些的速度差阈值的二维涡旋与具有较高速度差阈值的二维涡旋重叠情况下,则丢弃较低速度差阈值的二维涡旋。

　　(9)当一个体扫的所有仰角扫描上的二维涡旋特征都被识别后,开始整个体扫范围内进行垂直连续性检验。一个三维特征至少由两个二维涡旋构成。两个二维

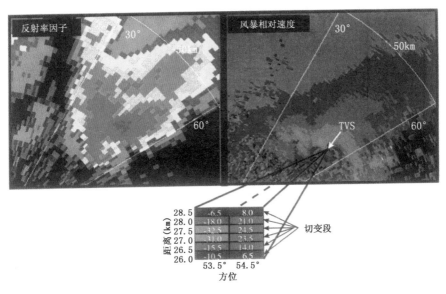

图 5.3　一个实际龙卷事件中二维特征的例子

涡旋之间最多相隔一个仰角。构成三维特征的二维涡旋质心之间的水平距离要求小于 2.5km。所有由三个以上(含三个)二维涡旋构成的三维特征称为三维涡旋(图 5.4)。

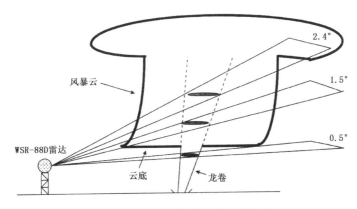

图 5.4　二维涡旋构成的三维特征

(10)每个三维涡旋可以划分为两种类型:TVS 和高架 TVS(ETVS)。如果一个三维涡旋满足:

①最小的强度和厚度判据；

②该三维涡旋的底扩展到 0.5°仰角或者一个规定的高度(目前是 600m)；

则该三维涡旋被称为 TVS。

如果三维涡旋只满足上述条件①而不是满足条件②,则被称为 ETVS。

(11)一旦一个三维涡旋被确定类别,则贮存以下属性：

三维涡旋底部的最大库到库的速度差,

构成三维涡旋的所有二维涡旋中最大切变($s^{-1}×1000$),

相应二维涡旋中心的高度(km)以及该三维涡旋的厚度(km)。

(12)此外,还计算一个称为龙卷强度指数 TSI 的诊断参数。TSI 是通过垂直累加构成三维涡旋的每一个二维涡旋的以高度为权重的最大库到库的速度差值而得到的。

(13)对于每个 TVS 进行跟踪,并预报其未来的位置。跟踪和预报算法与 SCIT 算法类似。只是最多外推 6 个体扫,30 分钟左右。同时给出 TVS 底的高度、TVS 厚度、底层速度差值、最大速度差值所在高度的时间变化序列。

§5.3　新旧两种龙卷涡旋特征算法的实例结果比较

利用包含 31 个龙卷个例的独立数据集对上述两种算法进行比较,结果显示：

(1)新算法 NSSL TDA 的命中率 POD 为 43%,误警率 FAR 为 48%,临界成功指数 CSI 为 31%；

(2)旧的 88D TVS 的命中率 POD 为 3%,误警率 FAR 为 0,临界成功指数 CSI 仅为 3%。如果降低旧的 88D TVS 算法中的涡旋阈值,则命中率明显提高,但同时误警率 FAR 也随之增加,对应的临界成功指数 CSI 仍然明显低于 NSSL TDA 的临界成功指数。

在 WSR-88D 的第 10 版本的算法中,TVS 算法采用了上述 NSSL TDA 算法,但没有引入算法中 TVS 跟踪和位置预报部分。在第 10 版本中,TVS 的标识号仍为 61 号,产品的图形显示仍然是红色倒三角,并标注离该 TVS 最近的由 SCIT 算法识别的风暴单体的标识号。图 5.5 给出了一个在 2003 年 7 月 8 日龙卷事件中合肥的 CINRAD-SA 雷达识别出的龙卷涡旋特征例子。

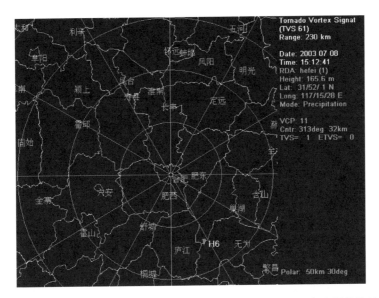

图 5.5　2003 年 7 月 8 日合肥的 CINRAD-SA 雷达识别出的龙卷涡旋特征

参考文献

[1]　俞小鼎,姚秀萍,熊廷南,等.多普勒天气雷达原理与业务应用[M].北京:气象出版社,2006.

[2]　Mitchell E D W,Vasiloff S V, Stumpf G J,et al. The National Severe Storms Laboratory Tornado Detection Algorithm[J]. Wea Forecasting,1998,13:352-366.

第6章　如何构建探测龙卷的雷达网

对边界层内低层大气的观测十分必要,因为它可以了解各种中尺度天气现象的物理过程以及这些过程的小尺度或微尺度特征;可以研究龙卷、下击暴流和地面边界层辐合线,洪水暴雨的识别,雷暴初始化的预报,以及雾、冻雨和降雪等的形成和维持机制;有利于改进地面实时资料分析和短时预报(0~6 小时)正确率,提高数值天气预报模拟试验的精度。但业务 S 波段天气雷达由于受规定扫描模式及地球表面曲率影响,使低高度层内变成雷达探测盲区。为此,提出了购建高时空分辨率的短波长小雷达网,以弥补这一不足。

美国科学基金会在 2003 年 9 月建立了工程研究中心,Massachusetts (Lead institution) 大学、Oklahoma 大学,Colorado 州立大学,Puerto Rico 大学(mayaguez),Raytheom,vaisala 和 IBM 公司等一起参与开发一个新的雷达系统,克服现有雷达网存在的不足问题。用 10 年时间发展一个低价、低功率固态发射机的分布式 X 波段网络雷达系统(Collaborative Adaptive Sensing of the Atmosphere CASA)[1-2]。

从 2004 年开始,美国利用 CASA 系统,针对多种天气现象和应用进行研究。首先部署在 Massachusetts 大学 Amherst 校园内,试验各种新技术;2006 年 4 月在 Oklahoma 州西南部建立 4 部 X 波段雷达组成的试验平台,研究低空风灾及相关灾害性天气的观测;2010 年 1 月安装在波多黎各,研究复杂地形下的热带降水和由此引发的洪水和山体滑坡;2015 年安装在德克萨斯州北部达拉斯市,进行强风暴观测。

CASA 首先对每部雷达进行认真标校,对雷达原始资料采用谱分析抑制地物回波,对径向速度场通过滤去零速度的杂波,恢复不受杂波污染的气象目标速度分布,对受降水衰减的回波强度进行衰减订正,采用双脉冲重复频率扩展速度不模糊区间,用随机相位编码消除回波的距离折叠等,这样就保证了基数据产品的质量。另外,通过研发能在 RHI 扫描后自动指示回波的距离和高度,实时给出回波强度,并通过三维变分后显示出风矢的分析场。

CASA 系统经过十多年的观测试验,取得了明显的成效,特别是对强风暴等强天气的精细化探测能力明显优于常规天气雷达,已进入实时业务观测中。

　　我国国家级强天气分析和临近预报系统(SWAN)及其核心算法是强对流短临预报业务的重要技术支持之一。然而,该系统原有算法在计算效率、准确性、稳定性等方面均存在诸多限制或缺陷。难以满足龙卷特征快速变化和高标准业务发展需求。随着信息技术的发展,特别是大数据时代的到来,对基于云端的计算服务和上下联动联防等强对流短临预报业务和服务提出新的需求,现有龙卷相关的短临客观预警预报技术明显支持不足。

§6.1　构建雷达网的地点选择

6.1.1　选择在龙卷经常发生的地区

　　首先调查清楚该地区出现龙卷的几种天气背景及强天气形成的几条路径,以此作为布设雷达网的主要依据。

6.1.2　确定该地区 S 波段业务天气雷达数目

　　确定该地区内或附近有几部投入业务的 S 波段单(或双)线偏振多普勒天气雷达。绘制出它们的等射束高度图,确定它们的探测盲区范围。

6.1.3　辅助探测的 X 或 C 波段天气雷达数目

　　对于辅助探测的 X 或 C 波段单(或双)线偏振多普勒天气雷达,分两种情况:固定式雷达可布设在盲区内、外地形及水、电、路条件较好的地点,方便雷达运输和安装,及维护保障需要;移动式雷达要事先选择好几个合适的备用地点,供强天气实况出现时选用。

§6.2　雷达的定标

　　(1)业务雷达除定期机外定标外,还均有机内自动定标系统,以保证探测数据的可靠性。

　　(2)辅助探测的 X 或 C 波段单(或双)线偏振多普勒天气雷达,在预测到强天气过程将来临前一天,应对雷达主要参数如发射功率、最小可测功率,以及波束指北方位和天线座水平情况,油机与不间断电源等做一定标检查。对于移动的 X 或 C 波段雷达,在根据 S 波段业务雷达探测到强对流回波情况后,开往预先选定可配合探测的最佳位置后,要迅速固定雷达,并用陀螺仪或磁盘定北,水准仪调雷达天线座水平,预热整机,检查做 PPI 与 RHI 探测的可靠性。

　　(3)发现强天气过程即将来临时,区域内各类雷达探测要有预先设置的几种方案(即业务探测标准化流程),由指挥中心统一指挥采用哪种方案探测,其中包括扫描模式,辅助探测的 X 或 C 波段雷达的 RHI 对强回波中心的探测方法,以及采用扇扫几个低仰角以及分别获取那些物理量等。

§6.3　雷达网的构建[3-7]

6.3.1　多部 S 波段业务雷达的组网拼图

6.3.1.1　雷达三维组网拼图算法

　　三维组网拼图算法是将不同雷达在球坐标系下的观测结果转换到笛卡尔坐标系下,并对共同覆盖的区域予以合理的取舍,达到数据无缝的融合。具体的流程图见图 6.1。对于双偏振雷达经质量控制后的球坐标数据,首先需要将其插值到统一的笛卡尔坐标系下,形成空间分辨率均匀的格点资料。考虑到天气雷达 VCP21 体扫模式在垂直方向上并不均匀,需要通过垂直插值进行填补,并在插值过程中尽可能保留原始体扫的结构特征。每一部参与组网的天气雷达都要通过上述步骤形成单站格点化资料,当所有站点完成格点化以后,再把所有的格点拼接起来形成统一的雷达网三维拼图。由于紧邻的雷达站点探测区域会有相互重合,因此采用了一些特殊的方法(例如加权平均)来处理多个雷达的观测重叠区,以尽可能地保留原有降水的空间结构和连续性。

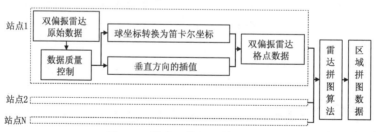

图 6.1　雷达三维组网拼图流程

　　(1) 拼图中笛卡尔坐标系与雷达球坐标系的相互对应

　　三维组网拼图中常常使用等经纬度的笛卡尔坐标系,设某网格点的纬度为 α_g,经度为 β_g,高度为 h_g,那么其空间坐标为 (α_g, β_g, h_g)。该格点附近有一部站点纬度、经度、高度分别为 α_r, β_r, h_r 的天气雷达。根据大圆几何学理论和雷达波束的传播特性,雷达在该空间位置下的仰角 e、方位角 a、斜距 r 可以计算得出。这样,笛卡尔坐标 (α_g, β_g, h_g) 和球坐标 (r, a, e) 就建立了联系,具体是:

$$\sin a = \cos(\alpha_g)\sin(\beta_g - \beta_r)/\sin(s/R) \tag{6.1}$$

式中 R 为地球半径,s 为大圆距离,其表达式为:

$$s = R\cos^{-1}(\sin(\alpha_r)\sin(\alpha_g) + \cos(\alpha_r)\cos(\alpha_g)\cos(\beta_g - \beta_r)) \tag{6.2}$$

设 $C = \sin a$,则方位角 a 的值为:

$$a = \begin{cases} \arcsin C & \text{当 } \alpha_g \geqslant \alpha_r, \beta_g \geqslant \beta_r \\ \pi - \arcsin C & \text{当 } \alpha_g < \alpha_r \\ 2\pi + \arcsin C & \text{当 } \alpha_g \geqslant \alpha_r, \beta_g < \beta_r \end{cases} \tag{6.3}$$

仰角 e 的值为:

$$e = \tan^{-1} \frac{\cos(s/R_m) - \dfrac{R_m}{R_m + h_g - h_r}}{\sin(s/R_m)} \tag{6.4}$$

式中 R_m 为等效地球半径,$R_m = (4/3)R$。

斜距 r 的值为:

$$r = \sin(s/R_m)(R_m + h_g - h_r)/\cos(e) \tag{6.5}$$

(2)垂直方向上的插值

在天气雷达的 VCP21 体扫模式中,$0.5° \sim 19.5°$ 之间只有 9 层仰角。考虑到雷达的波束宽度一般约为 $1°$,因此,各仰角层在垂直方向上不能填满整个空间,会存在一定的间隙。若在单站格点化中严格按照波束宽度内的位置一一对应,那么将有部分格点会没有数据,造成回波的空间连续性降低。垂直方向上的插值则是为了填补上述间隙,一般常用径向和方位上的最近邻居法和垂直线性内插法,如图 6.2 所示。

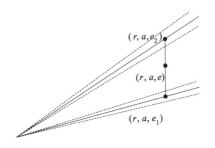

图 6.2　NVI 法示意图

笛卡尔坐标系下某格点通过上述转换与雷达站点建立联系后,位于球坐标系下斜距 r、方位角 a、仰角 e 处,与该格点上下相邻的仰角层分别是 e_2 和 e_1。当 $e < 20°$ 时 r 几乎不随 e 变化,因此,经过该点的垂线与其上下仰角波束中心的交点分别是 (r, a, e_2) 和 (r, a, e_1)。该格点的分析值 $f^a(r, a, e)$ 可以用这两点的分析值 $f^a(r, a, e_2)$ 和 $f^a(r, a, e_1)$ 进行垂直线性内插得到,即:

$$f^a(r,a,e) = (w_{e1}f^a(r,a,e_1) + w_{e2}f^a(r,a,e_2))/(w_{e1} + w_{e2}) \tag{6.6}$$

式中 w_{e1}、w_{e2} 分别是 $f^a(r, a, e_1)$ 和 $f^a(r, a, e_2)$ 的插值权重:

$$w_{e1} = (e_2 - e)/(e_2 - e_1)$$
$$w_{e2} = (e - e_1)/(e_2 - e_1) \tag{6.7}$$

考虑到 r, a 并非与雷达径向严格对应,$f^a(r, a, e_1)$ 和 $f^a(r, a, e_2)$ 分别使用了最靠近点 (r, a, e_2) 和 (r, a, e_1) 的雷达观测值。图 6.3 给出了径向和方位上的最近邻居法的示意图。

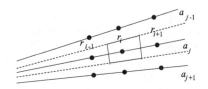

图 6.3 径向和方位上的最近邻居法的示意图

图中,r_{i-1}、r_i、r_{i+1} 为相邻径向距离库,a_{j-1}、a_j、a_{j+1} 为相邻方位角,虚线是 $-3\mathrm{dB}$ 波束宽度。在二分之一距离库和半功率点围成的梯形区域内,对应的三维格点都使用球坐标系下 (r, a) 点的雷达观测值代替。

6.3.1.2 不同雷达共同覆盖区的取舍

相邻的雷达往往存在一片相互重合的探测区域。为了在该区域的拼图中既保留原有降水特征,同时空间结构也具有一定的连续性,目前普遍采用加权平均的方法来处理共同覆盖区内的观测资料。在区域拼图中,每个格点 i 的值 $f^m(i)$ 可以通过下式得到:

$$f^m(i) = \sum_{n=1,N} w_n f_n^a(i) \Big/ \sum_{n=1,N} w_n \tag{6.8}$$

式中,N 是格点 i 周围总的雷达站个数,$f_n^a(i)$ 是第 n 个雷达的观测值,w_n 是对应的权重。若 $N=0$,那么该格点不能被任何一个雷达观测到,$f^m(i)$ 为缺测值。若 $N=1$,那么该格点只能被一个雷达观测到,$f^m(i)$ 为该站点的观测值。只有当 $N \geqslant 2$ 时对应了共同覆盖区的情况,需要加权平均处理。不同雷达共同覆盖区内的观测资料,目前主要考虑以下三种方法。

(1)最近邻居法:把最靠近格点的雷达权重赋为 1,其他雷达全赋为 0,即使用距离最近雷达的观测值。

(2)最大值法:把具有最大观测值的雷达权重赋为 1,其他雷达全赋为 0,即使用雷达最强的观测值。

(3)指数权重法:把格点与各雷达站点之间的距离 r 作为权重,使用了指数权重函数。具体如下:

$$w = \exp(-\frac{r^2}{R^2}) \tag{6.9}$$

式中 R 为影响半径,S 波段雷达一般 $R=300$ km。

图 6.4 给出了华南 4 部 S 波段双偏振雷达站点覆盖图及共同覆盖区。

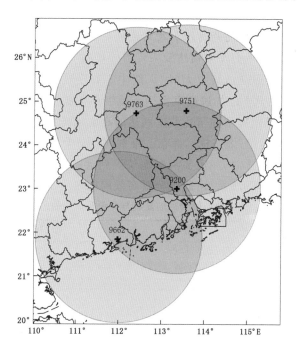

图 6.4　2016 年华南 S 波段双偏振雷达站点覆盖图
（粉色圆形区域代表以 230km 为半径的观测范围）

6.3.2　南京 X 波段双偏振雷达网与 S 波段业务雷达融合组网

6.3.2.1　S 波段雷达需要组网的原因

国内布网的业务雷达,S 波段的 CINRAD/SA/SB 最大探测半径可达 460km,C 波段的 CINRAD/CA/CB 最大探测半径达到 300km,雷达的 0.5° 仰角波束中心在最大探测距离处的高度达到 16km,已经接近或超过了对流层顶部。此时波束展宽也接近 8km,充塞程度的大幅降低,导致了探测精度下降。除此以外,CIN-RAD 最高仰角仅为 19.5°,存在一定范围的静锥区,在近处无法探测到对流层上部的信息。由此可见,一部雷达在过近或过远的距离上探测能力都会大幅降低,需要与周围的雷达相互配合,才能在业务中有效应用。

6.3.2.2　目前业务雷达组网情况

中国气象局气象探测中心和各省气象局均开展了雷达组网拼图的应用,大致可以划分为使用雷达产品的二维拼图和使用雷达基数据的三维拼图两类。其中,传统的二维拼图主要用于天气过程的定性分析,而三维拼图将各雷达在球坐标系下的观测资料转换到笛卡尔坐标系下,有利于较大区域内资料的处理和定量分析。不过目前的研究主要针对 Z 参量及其产品,而对于新建的双偏振雷达,采取何种方式对双偏振参量和双偏振产品拼图,目前国内还缺乏相应的研究。

6.3.2.3　雷达波束中心轴随距离增加所到达的高度

按标准大气时因地球曲率对雷达波束传播的影响,波束中心轴到达的高度:$H=h+1000R\sin\theta+0.0589R^2$,其中 H、h(天线中心高度)用 m 为单位,R 为距离以 km 为单位,e 为仰角:其中已加进南京雷达天线中心高度为例的 $h=140.5m$。

由表 6.1 可见,随距离增加雷达波束到达的高度越高,雷达以某个仰角所作的 PPI 扫描面是个圆锥面(三维坐标),而在二维剖面上是个斜切面,只是投影成平面图。分析径向速度场图像时,一定要清醒地认识到远距离处的值已是中层或高层高度上(参见图 6.5—图 6.6)。由此可分析高低层风向风速的变化情况。

表 6.1　波束中心轴到达的高度与仰角及距离的关系表

仰角(°)	50km 处	100km 处	150km 处	200km 处	230km 处
0.5	0.72km	1.60km	2.78km	4.24km	5.26km
1.0	1.16km	2.50km	4.08km	5.99km	7.27km
1.5	1.60km	3.35km	5.40km	7.73km	9.28km

图 6.5 给出了标准折射时地球曲率效应对高度估算影响的图示,图 6.6 给出了不同距离上回波高度查算图。

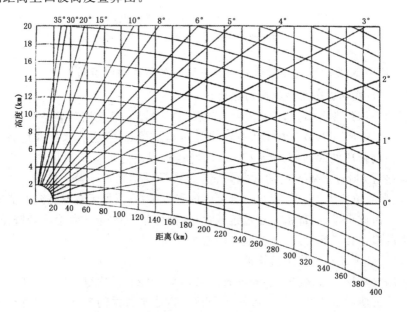

图 6.5　标准折射时地球曲率效应的图示

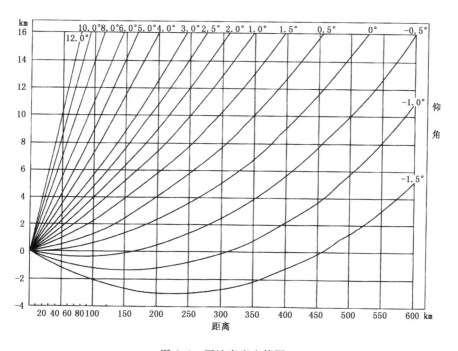

图 6.6　回波高度查算图

6.3.2.4　增加 X 波段雷达网的作用

美国在 2003 年提出采用分布式协同自适应探测技术的 X 波段雷达系统,称作 CASA(Center for Collaborative Adaptive Sensing of the Atmosphere)计划。CASA 使用了大量 X 波段全固态雷达进行组网,缓解了雷达探测能力随距离降低的问题。同时根据气象回波的实际位置,采用了灵活的协同的扫描算法,从不同角度对降水完成高时空分辨率的观测。见图 6.7。

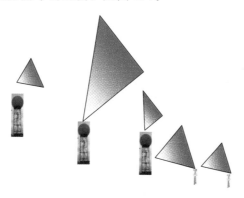

图 6.7　X 波段雷达网

6.3.2.5　X波段雷达补盲观测

　　目前,我国也考虑将X波段雷达作为业务雷达,为新一代天气雷达的低层盲区、波束阻挡的山区提供补盲观测。图6.8和图6.9分别为补盲观测示意图和补盲观测后探测到龙卷底部的示意图。

图6.8　X波段雷达补盲观测示意图

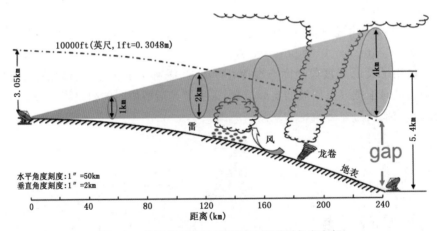

图6.9　X波段雷达补盲观测后探测到龙卷底部

（图中gap的中文意义是:雷达发射波束底边在不同距离上因地球曲率造成的高度差）

6.3.2.6　X波段雷达的作用

　　为了更好地了解各种中尺度天气现象的物理过程,揭示低层大气(0~3km)中这些过程小尺度或微尺度特征的观测是非常必要的,它们的尺度小于1km。但是利用布网的大气象雷达观测这些特征有一定的困难,关键性的限制是目标离开雷达太远时,由于雷达波束在远处的扩展,地形影响,以及地球曲率的影响使天气过程的小尺度特征不能为雷达观测所分辨。其次,为了研究龙卷、下击暴流和地面边界层辐合线、洪水暴雨的识别以及雷暴初始化的预报,雾、冻雨和降雪等的形成和维持机制,也需要雷达对这些现象有个高分辨率的小尺度观测。雷达波束在较低大气层探测有利于改进地面实时资料分析和短时(0～6 小时)预报正确率,提高数值天气预报模拟试验的精度。

6.3.2.7　衰减问题

考虑到 X 波段雷达频率与 S 波段雷达不同,X 波段雷达在降水区前端测得的 Z 值还存在一定的衰减问题,采取何种方式与原有的 S 波段雷达融合组网,也是非常重要的问题。

6.3.2.8　雷达站点及组网方法介绍

2013 年 6—9 月,中科院大气物理研究所在南京地区开展了 X 波段雷达组网观测试验。试验使用了两部 X 波段双偏振雷达和一部 X 波段多普勒雷达,与 CINRAD/SA 业务雷达相比,X 波段雷达探测范围很近,但水平和垂直方向的分辨率更高。X 波段双偏振雷达还采用了固态发射机,结合非线性调频脉冲压缩技术,由 80:1 的压缩比例将 40μs 的宽脉冲压缩为 0.5μs。由于宽脉冲造成了约 6km 的探测盲区,雷达将在发宽脉冲后补发 1μs 的窄脉冲用于补盲,兼顾了最近和最远距离的探测。

为了尽可能降低衰减和静锥区的影响,三部 X 波段雷达的站点距离控制在 50km 以内,具体分布见图 6.10。其中,古平岗站的 X 波段多普勒雷达位于南京市区的恩瑞特公司内,两部 X 波段双偏振雷达以 40km 的间距分别架设于句容站和禄口站,其中句容试验场位于古平岗站的东偏南方向 47km,禄口机场位于古平岗站的南偏东方向 38km。在三部 X 波段雷达附近有两部业务使用的 CINRAD/SA 雷达,其中南京站 CINRAD/SA 雷达距离古平岗站仅 10km 左右,而常州站 CIN-RAD/SA 雷达距离稍远,约为 100km。南京雷达的观测资料主要与 X 波段雷达网对比,验证衰减订正的准确性。而常州雷达将与三部 X 波段天气雷达组网,分析 X 波段雷达观测资料的加入对 S 波段业务雷达的补充效果。拼图时采用了最近邻居法,即该区域内格点资料的来源仅与最近的站点有关。此外,S 和 X 波段雷达距离分辨率也存在较大差异,拼图时的格点分辨率仍按 S 波段雷达的 1km 设置。

6.3.2.9　衰减订正前后的回波结构对比

在对三部 X 波段雷达原始数据的衰减订正,使用 Z_h-K_{dp} 综合订正法。古平岗站没有双偏振参量的观测,仅使用 Z_h 订正。图 6.11 给出了 2013 年 9 月 5 日三部 X 波段雷达的原始观测值和衰减订正值随距离变化的廓线图,并与南京雷达对

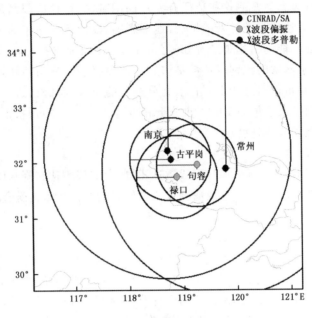

图 6.10　南京 X 波段雷达站点分布图

比。在较近的范围内,三部 X 波段雷达与 CINRAD/SA 的 Z 参量基本一致,可见其系统标定较好。随着距离的增加,雨区衰减使得测量偏差增大,在强降水后三部 X 波段雷达均出现了明显的弱回波区,该区域内的回波强度偏低了 10dB 以上。而经订正后的数据与 CINRAD/SA 的廓线更为接近,较为明显改善了 X 波段雷达在强降水区域后的衰减现象。

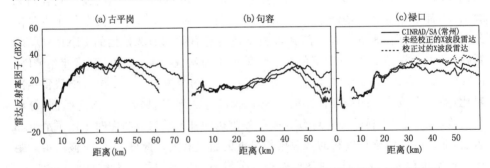

图 6.11　2013 年 9 月 5 日 7:00(LST) X 波段雷达 Z 参量沿距离变化廓线图
((a)古平岗;(b)句容;(c)禄口)

　　X 波段雷达衰减订正后的水平结构见图 6.12,并将 CINRAD/SA 插值到 X 波段雷达的球坐标上,得到虚拟的相同位置的观测结果用于对比分析。受雷达站点间不同高度的影响,插值结果存在无数据匹配产生的圆形区域。图中,X 波段雷达的观测结果与 S 波段业务雷达几乎一致,准确反映了降水区域的特征。句容和禄口站雷达使用了 40μs 的宽脉冲发射,脉冲压缩后未产生距离折叠现象,并且 1μs 的补盲脉冲效果也较好,6km 处未出现明显的拼接痕迹。同时,衰减订正方法也得到了较好的效果,强回波后的数值与 CINRAD/SA 基本一致,但因衰减造成的回波结构缺失无法订正。

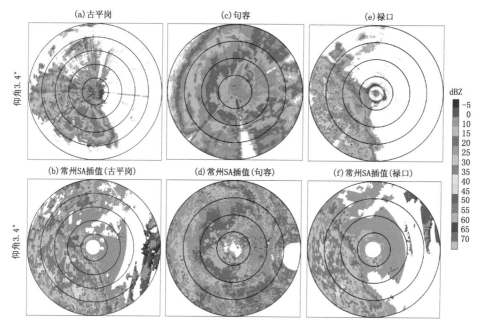

图 6.12　2013 年 9 月 5 日 08:00(LST) X 波段天气雷达 3.4°仰角 Z 参量的水平结构对比
((a)古平岗;(b)句容;(c)禄口)

6.3.2.10　X 波段雷达与 S 波段雷达融合组网拼图结果

选取三部 X 波段雷达 2013 年 6 月 27 日 11:00 (LST)经衰减订正后的观测资料,与常州雷达融合组网,所得 0.5～3km 高度的 CAPPI 见图 6.13。为了对比融合前后回波结构的变化,图 6.14 给出了常州雷达单站格点化后对应高度的 CAPPI。在近地面高度,常州雷达的覆盖范围较小,0.5km 高度 CAPPI (图 6.14a)的有效探测半径仅为 35km。随着高度升高,雷达的覆盖范围逐渐增大,1.5km 高度的有效探测半径达到 90km。在融合了 X 波段雷达资料的图 6.13 中,X 波段雷达将 0.5km 和 1.5km 高度 CAPPI 的有效探测半径分别提升了 15km 和 45km。对比图 6.8 和图 6.14 可以发现,常州雷达对于其西南方向的带状回波的最远探测位置为 118.90°E 处,X 波段雷达网将该处的带状回波延伸至 118.45°E,有效的增加了近地面的探测区域。

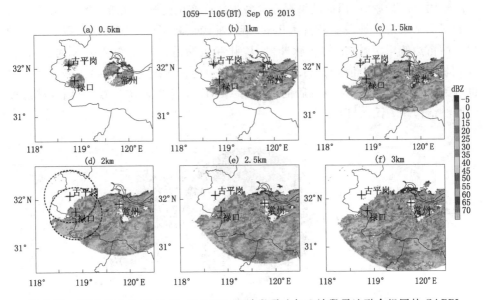

图 6.13　2013 年 6 月 27 日 10:59(LST) X 波段雷达与 S 波段雷达融合组网的 CAPPI
((a)0.5km；(b)1km；(c)1.5km；(d)2.0km；(e)3.0km)

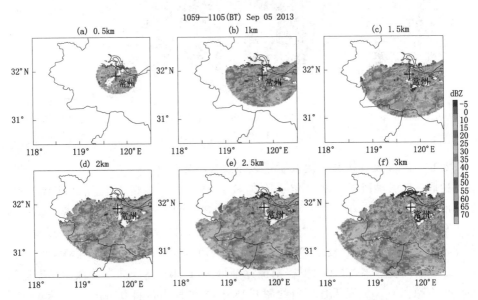

图 6.14　2013 年 6 月 27 日 10:59(LST) S 波段雷达单站格点化以后的 CAPPI
((a)0.5km；(b)1km；(c)1.5km；(d)2.0km；(e)3.0km)

　　由于共同覆盖区域内的组网拼图采用了最近邻居法的插值策略,X 波段雷达网和常州雷达重叠区域内的 Z 参量取值仅与各站点间的距离相关,算法将自动找到最近的站点资料插值到三维格点中。图 6.13d 给出了 X 波段雷达站点的有效覆盖范围。在分界线附近,融合后的回波结构连续、数值基本一致,并未出现因测量偏差或分布差异导致的"断层"现象。在回波结构的对比中,常州雷达站点附近的回波结构较为精细,随着距离的增加,在图 6.11e 中(118.7°E, 31.4°N)处的回波结构已较为粗糙,出现了大片没有明显变化的降水结构,这与采样体积增大后的平滑作用有关。融合 X 波段雷达网的观测资料后,其对应的探测距离短、平滑作用低,能够一定程度的改善数据质量。

　　自禄口站以南(118.7°E, 31.3°N)向常州站方向(119.7°E, 31.9°N)做出融合资料的垂直剖面,见图 6.15。从上下两图的对比可以看出,经衰减订正后的 X 波段雷达能够在一定范围内得到较为完整的降水结构。在两雷达于 119.3°—119.4°E 的交接处,其回波分布、顶高几乎一致。但常州雷达对远处低层降水的探测能力偏弱,在 118.7°—119.1°E 附近的回波结构不如融合 X 波段雷达资料后的拼图结果。

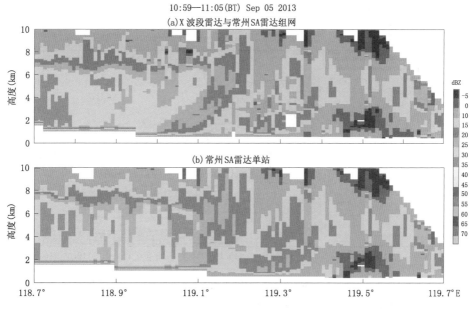

图 6.15　融合后的拼图数据与常州单站雷达(118.7°E, 31.4°N)至
(119.7°, E31.9°N)的垂直剖面对比

6.3.3 北京 X 波段双偏振业务雷达网独立组网试验

6.3.3.1 雷达站点及组网方法

为了提升首都地区的气象灾害监测能力,以满足重大活动的气象保障需要,北京市气象局自 2015 年开始建设 X 波段双偏振天气雷达网。截至 2017 年,已有昌平(BJX-CP)、顺义(BJX-SY)、房山(BJX-FS)及通州(BJX-TZ)共 4 个站点投入运行,其站点分布见图 6.16a。四部雷达的共同观测范围正好覆盖了位于 116.1°—116.6°E, 39.7°—40.1°N 的北京市主城区。通过图 6.16b 和图 6.16c 给出的北京主城区方向上空(116.1°—116.6°E, 39.9°N)的波束分布对比图可以看出,北京大兴的 CINRAD/SA 由于距离市区太近,静锥区严重影响了其在北京市主城区内的探测能力,在朝阳区上空(116.45°E, 39.9°N) 19.5°仰角所能达到的最高探测高度不足 5km。对垂直探测精度要求较高的雷达产品如回波顶高、垂直累积液态水含量等的计算结果将变得不可信,而这些产品目前在中国的临近预报中被广泛使用。相比之下 4 部 X 波段雷达使用了更加密集的扫描策略(较 VCP21 模式增加 8.0°仰角),并相互覆盖了静锥区,保证了北京市主城区上空 0~15km 的精细探测。此外,4 部雷达统一采用 4 分钟一次的 10 层体扫,提供 75m 水平分辨率的双偏振观测资料(大兴雷达水平分辨率为 1km),上述条件均为高精度雷达组网拼图的实现提供了硬件的支持。

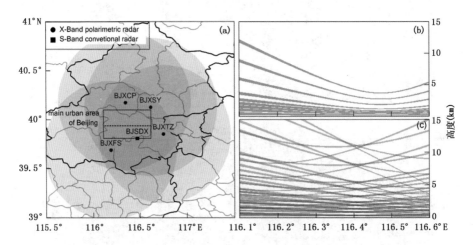

图 6.16 (a)北京 X 波段双偏振雷达网及 S 波段业务雷达的站点分布图,
(b, c)分别给出了 S 波段雷达与 X 波段双偏振雷达在北京市主城区上空
(116.1°—116.6°E, 39.9°N;图 6.16a 中以虚线表示)的波束分布图

有别于南京 X 波段雷达网的融合组网方案,本次试验中 X 波段雷达的站点数

量更多、布局更为科学,因此,采用了 X 波段雷达独立组网的方式。根据方案流程,4 部 X 波段雷达的原始数据首先经过质量控制和相态识别步骤,形成球坐标系下的待拼图结果。随后,经单站格点化步骤将雷达观测资料转换到笛卡尔坐标系下。由于 X 波段雷达的分辨率远高于 S 波段雷达,格点的水平和垂直分辨率分别设置为 0.1km 和 0.5km。单部 X 波段雷达由于观测范围和衰减的限制,难以覆盖整个北京地区,之后通过组网拼图将 4 部雷达的观测结果合理组合,形成高质量的观测结果。

6.3.3.2　X 波段雷达网的拼图结果

2016 年 7 月 31 日,一中尺度对流系统由西向东移动,对流云主要集中在北京市区以东,西侧是对流云消亡后的层状云降水。图 6.17(a—d)分别给出了 06:20 (LST)时刻 BJX-CP,BJX-FS,BJX-SY,BJX-TZ 站从不同的位置对该系统的观测结果,降水类型的空间分布差异将导致 4 部 X 波段雷达在相同区域内的水平结构截然不同。

BJX-CP 站(图 6.17a)位于该系统中部,其西侧观测到结构完整的层状云区,受衰减的影响不大。东侧对流区的情况则与之相反,在 116.6°—117°E 的回波结构因衰减出现了明显的不连续。BJX-FS 站位于 MCS 南部约 50km,观测结果与 BJX-CP 站类似,在西侧层状云区的结构较好而东侧对流云区存在部分的不连续。不过由于该雷达的站点位置更偏西南,图 6.17b 中衰减区主要位于 MCS 的东北侧,而非图 6.17a 的全部东侧。这样在 116.6°—117°E,40°—41.2°N 范围内 BJX-FS 站受衰减的影响更小,数据质量较 BJX-CP 站更高。BJX-SY 站此时正好位于 MCS 东侧对流区的下方,受强衰减的影响该雷达在图 6.17c 中的有效观测半径缩短到 10～20km,站点东侧的降水结构几乎被完全衰减,观测结果的可靠性较差。对于位于 MCS 东南侧的 BJX-TZ 站,其距离强对流区非常近,能够提供衰减影响很小的观测结果。但受灵敏度的限制,BJX-TZ 站在西侧层状云区的回波结构存在缺失。总的看来,X 波段雷达对于层状云和近处对流云的观测结果较好,而衰减会导致部分强对流云的回波结构缺失,此外强降水过顶时雷达站点的数据可靠性会变差。

图 6.17e 给出了相同时刻下 4 部 X 波段雷达的拼图结果。拼图后的回波结构与单部雷达相比明显更为完整和平滑,基本没有衰减造成的缺失。由此可见,在 X 波段雷达站点数量足够多的情况下,不同站点整合后的拼图结果弥补了波长较短导致的强衰减区,观测结果明显改善。倘若降水移出了多部雷达的共同覆盖区,拼图后的回波结构仍可能出现不连续的现象(例如图 6.17e 的东北角)。考虑到 X 波段雷达网主要用于共同覆盖区域(即主城区)内的高精度观测,上述问题并非不能接受。

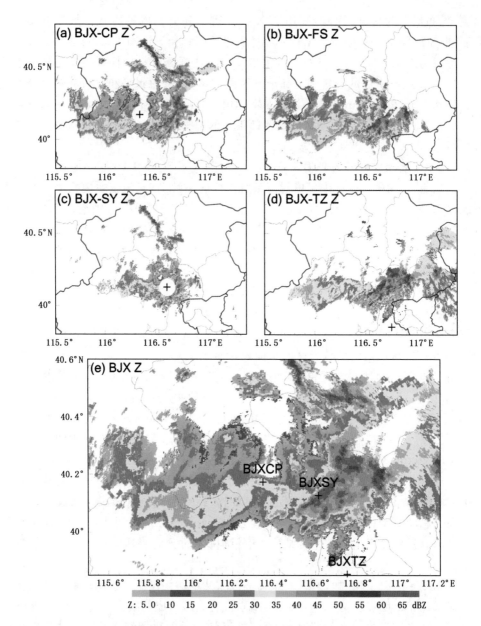

图 6.17　2016 年 7 月 31 日 06:20（LST）(a) BJX-CP 站，(b) BJX-FS 站，(c) BJX-SY 站，
(d) BJX-TZ 站，(e) 4 部 X 波段雷达组网的 Z 参量在 2.5km 高度的 CAPPI

6.3.3.3　X 波段雷达网与 S 波段业务雷达的对比

2016 年 7 月 27 日，在冷空气和暖湿气流的共同作用下，一飑线由西北向东南

移动并穿过北京市区,伴随了 6~9 级短时大风和多处局地降雹。图 6.18(a—c)
给出了北京 X 波段双偏振雷达网在 19:42 (LST)的 Z 参量和相态识别结果的水
平结构,并与大兴的 CINRAD/SA 雷达对比。该时刻飑线正好位于北京市主城区
的上空,X 波段雷达网的拼图结果中弓状回波结构紧密,对应了连成片的雨夹雹相
态。由于 BJX-SY 站当日正在检修,该雷达网仅依靠 3 部 X 波段雷达完成了北京
市主城区的组网拼图。不过得益于合理的衰减订正和拼图算法,所观测的飑线宏
观结构与 S 波段业务雷达相比非常一致,且具有分辨率更高、细节更丰富的优势。
而大兴雷达由于分辨率低、缺乏双偏振功能,在临近预报中的效果不如 X 波段雷
达网。

图 6.18(d—f)给出了相同时刻下 X 波段雷达网和 S 波段业务雷达沿飑线移
动方向的垂直剖面图。大兴雷达受静锥区的影响,在飑线进入北京市主城区后难
以观测到完整结构。而 X 波段雷达网相互填补了静锥区且分辨率非常高,可通过
精细的垂直结构清楚的捕捉到飑线前侧的回波墙及后侧的层状云区。由于此时上
升气流非常强,足以支撑固态降水粒子在空中持续增长。飑线前侧的回波顶高超
过 8km,融化层以上出现了大片的霰、雨夹雹相态。2km 高度以下以液态的降水
为主,只有少量较大的冰雹才能达到地面,这对于临近预报非常有用。

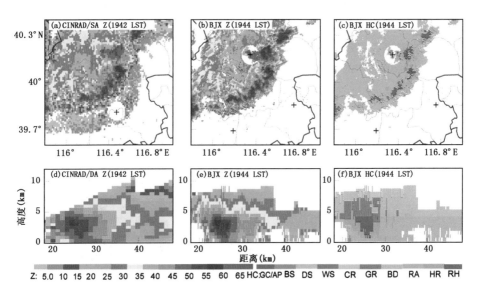

图 6.18 2016 年 7 月 21 日 19:42 (LST) (a) CINRAD/SA Z 参量,(b) BJX Z 参量,
(c) BJX 相态识别结果的 2.5km 高度 CAPPI,(d~f)与(a~c)相同,但为垂直剖面

§6.4 协同观测业务运行系统

在气象台和省信息中心布设龙卷等强对流灾害性天气协同观测业务运行系统,包括建设一个雷达协同控制中心,完成资料处理与数据共享及产品显示、数据融合、天气预警等。

X波段试验雷达根据预设的模式进行扫描,用于监测雷达覆盖区域范围内的降水回波;各雷达完成扫描后,形成最新的观测数据 并进行组网拼图;识别出的目标区域特征信息将统一送至控制中心,根据用户事先设定的策略,制定各部雷达下一步相应的扫描模式;控制中心指定的这些扫描模式,将发送至各部雷达,控制各部雷达进行适应性扫描。通过控制中心可实现多部雷达在同一时刻对同一目标进行精细化扫描,快速获取灾害性天气系统的三维结构和矢量风场;可实现对龙卷等中小尺度强对流天气的完整捕捉,全方位扫描和跟踪预警。

6.4.1 协同观测试验内容及流程[①]

图 6.19 给出了协同观测试验内容及流程。它包括将雷达探测资料通过有线或无线上传给雷达协同控制中心,该雷达资料通过资料处理中心存储后,一方面可以生成雷达数据与产品,另一方面与地面观测资料、卫星资料及风廓线雷达资料融合后可生成温度、湿度、风矢廓线等产品。并将有关产品提供给预报员和用户。其中产生的天气识别产品由协同控制中心反馈给各雷达站,并发出下一步观测指令及扫描策略等。

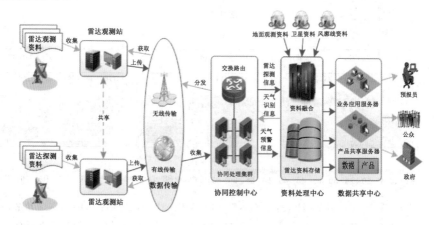

图 6.19 协同观测试验内容及流程

---

① 参考安徽省气象局提供的 PPT。

6.4.2　智能协同观测及预警服务

在图 6.19 基础上,进行智能协同观测及预警服务,见图 6.20。智能协同观测系统是属于协同控制中心的一部分,它在接收到目标识别产品等后,通过分析确定下一步探测策略(包括雷达扫描策略),并发出观测指令。预警服务系统也属于协同控制中心的一部分,它对雷达数据进行质量控制、多源融合及强对流回波特征识别基础上,通过一定的算法及产品作出临近预警和决定人影策略。其中关键性的内容是如何进行自适应性扫描策略和根据雷达基数据产品进一步确定与龙卷有关的区域,以及识别出与龙卷有关的强回波特征,例如钩状回波、中气旋或 TVS 等,图 6.20 给出了处理上述问题的框架。

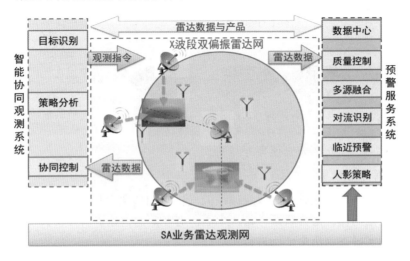

图 6.20　智能协同观测及预警服务框图

6.4.3　自适应扫描及产品生成

根据强回波分布的径向长度与切向宽度确定目标识别区域的面积,以及识别区域内回波特征等。自动选出与其较匹配的预设探测方案,确定自适应扫描策略,包括方位角、扫描角计算,扫描模式如 RHI、立体 PPI 或立体扇扫等的选择。如图 6.21。

协同控制中心软件主要包括数据收集与处理、目标区域识别、扫描策略生成和适应性扫描控制等软件模块。硬件主要包括在省信息中心布设相关服务器、网络设备、通信链路等建设。通信链路建设采用有线网络,通过固定 IP 接入互联网,从而实现协同控制中心与各雷达节点之间命令的交互与数据传输。

对雷达产品进行生成与显示及处理,主要包括单站各类雷达产品显示、雷达拼

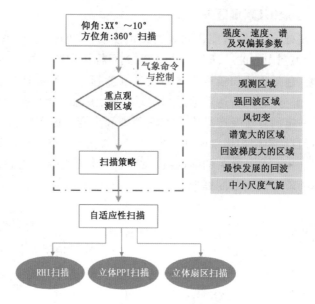

图 6.21   建立自适应扫描策略示意图

图产品显示、数据融合、天气预警等。

6.4.4   指挥中心设置

指挥中心可设置在有业务双线偏振天气雷达的气象台（称为主站），它与区域内其他雷达之间保持通信联系。指挥中心由有经验的雷达资料分析人员组成。并能从数据库实时查询历史个例进行比对。

（1）当各雷达站发现强天气回波或超级单体的特征时，可立即用手机等拍摄回波特征与说明，迅速进行相互传输，并由指挥中心作出探测要求，同时发出强天气临近预警与预报。

（2）强天气过程结束后，收集与整理资料，分析与总结这次过程的特点或有启示性、规律的新发现。

§6.5   对雷达操作人员的培训

一般强对流回波发展成超级单体时，容易产生龙卷。超级单体的特征可以从回波强度、径向速度以及双线偏振参量的分布上识别，特别可以从回波墙、弱回波区、旁瓣回波、三体散射、V 形缺口及低层 PPI 上的钩状回波等特征去辨认。双线偏振雷达更可以从双线偏振参量结构与特征去直接识别。例如：落地的龙卷 ρ_{hv} 值明显变小，出现 Z_{dr} 弧等，可参阅前面第 3 章第 3 节中给出的一些图。

6.5.1　雷暴云 RHI 回波(图 6.22)

图 6.22 为雷暴云 RHI 回波,云体由两个对流单体组成,其中左对流云发展比较旺盛,强中心强度超过 55dBZ,在其左侧由强降水形成了强大的回波云墙(图中箭头 A 所示区域)。

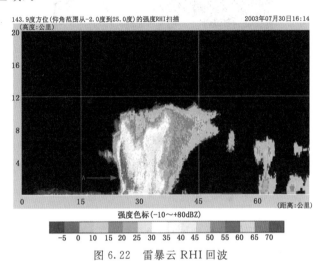

图 6.22　雷暴云 RHI 回波

6.5.2　三体散射回波(图 6.23)

图 6.23 为强雷暴的回波 RHI 图。图上箭头 A 所示为旁瓣回波,箭头 B 所示为"三体散射"回波。由于云砧(箭头 C 所示)的覆盖只有部分露出云体。箭头 C 为弱回波区。

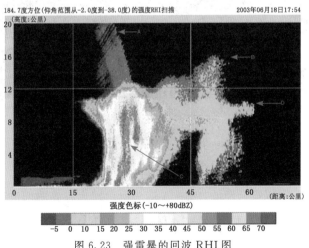

图 6.23　强雷暴的回波 RHI 图

6.5.3　超级单体风暴(图 6.24)

图 6.24 为典型超级单体风暴 PPI 回波图,在有界弱回波区左侧为最大回波梯度区(图中箭头 A 所示区域)。

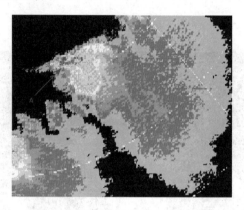

图 6.24　超级单体风暴 PPI 回波图

6.5.4　超级单体风暴回波的垂直剖面(图 6.25)

图 6.25 为一个超级单体风暴回波的垂直剖面图,回波强度较强,高度超过 16km,水平尺度较大,下风方伸展着广阔的云砧。在中层,超级单体前进方向的右侧有一个持久的有界弱回波区。有界弱回波区的存在是强上升气流区的标志,其中含有刚凝结成的云滴或小雨滴。

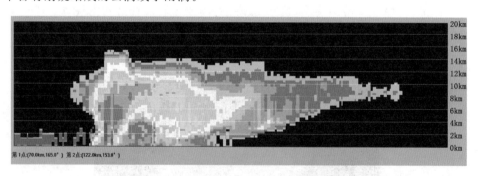

图 6.25　一个超级单体风暴回波的垂直剖面图

6.5.5　冰雹云回波(图 6.26—6.28)

图 6.26 是一次冰雹云回波,图中 A 箭头所示即为有界弱回波区,是由气流进入风暴斜升引起的。有界弱回波区上方存在强反射率因子核,这种情况下最有利于大冰雹和强降雹的发生。

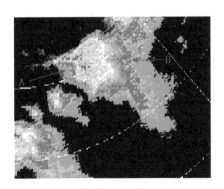

图 6.26　一次冰雹云回波

图 6.27 是一次冰雹天气的 PPI 回波图,风暴回波强中心强度非常强,引起电磁波的强烈衰减,形成图中 A 箭头所示的 V 型缺口。

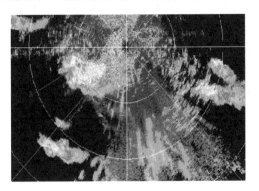

图 6.27　一次冰雹天气的 PPI 回波图

图 6.28 为一次冰雹天气 15.4°仰角的 PPI 图,图上箭头 A 所示的突出部分为三体散射回波,箭头 B 所示的突出部分为旁瓣回波。

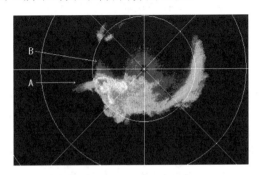

图 6.28　一次冰雹天气 15.4°仰角的 PPI 图

　　当业务雷达识别出中气旋、龙卷涡旋特征时,首先要结合其他雷达参数辨别其真伪。当确定可信后,可以先发出龙卷在一定区或内出现的临近概率预报(因为龙卷常出现在中气旋上,识别 TVS 至少要有一个中气旋已被识别出来,但也可以有龙卷而无中气旋。龙卷是比中气旋更小更强的涡管。因此,应从预测是否会形成更小更强的涡管去考虑)。业务双线偏振雷达最好增设仅 3～4 个低仰角的 PPI 扫描模式以提高时间分辨率,其他辅助探测的 X 或 C 波段雷达,应尽量在靠近超级单体的时段作高时空分辨率的探测,判断龙卷涡旋的下垂体是否已达到地面,并追踪其移动路径和移速,以便实时做好精确的临近预报。掌握好以上探测方法与特征,就要对雷达操作人员使用历史个例与相关知识进行培训。

§6.6　雷达网的构建个例

　　中国科学院大气物理研究所在南京地区开展了 X 波段雷达组网观测试验,三部 X 波段雷达分别设置在古平岗站、句容站和禄口站,试验结果如上面所述。

　　北京市气象局自 2015 年开始建设 X 波段双偏振天气雷达网。截至 2017 年,已有昌平(BJX-CP)、顺义(BJX-SY)、房山(BJX-FS)及通州(BJX-TZ)共 4 个站点投入运行,四部雷达的共同观测范围正好覆盖了位于 116.1°—116.6°E, 39.7°—40.1°N 的北京市主城区。试验结果前面也做了介绍。

　　最近,广东省气象局在佛山的高明雷达站,南海雷达站,顺德雷达站,三水雷达站构建成了探测龙卷的 X 波段双偏振天气雷达网,如图 4.32 所示。

　　目前,江苏省气象局与安徽省气象局分别在苏北与皖北筹建国家级龙卷观测预警试验基地雷达网。下面简要介绍正在筹建的江苏省国家级龙卷观测预警试验基地雷达网。

6.6.1　江苏省国家级龙卷观测预警试验基地雷达网建设[①]

6.6.1.1　江苏省国家级龙卷观测预警试验基地雷达网建设目标

　　建设江苏省国家级龙卷观测预警试验基地雷达网,主要目标是形成可复制可推广的监测龙卷等强对流灾害性天气系统的协同观测业务应用示范系统。包括以下几个方面。

　　(1)建设 X 波段天气雷达是对江苏省新一代天气雷达网在苏北低层探测盲区进行有效的补充(图 6.29),提升江苏省雷达网对龙卷等中小尺度强对流天气边界层的探测能力。

---

　　①　参考江苏省气象局提供的《江苏省国家级龙卷观测预警试验基地雷达网建设方案》,其中自适应协同控制中心流程图及说明由南京恩瑞特雷达有限公司提供。

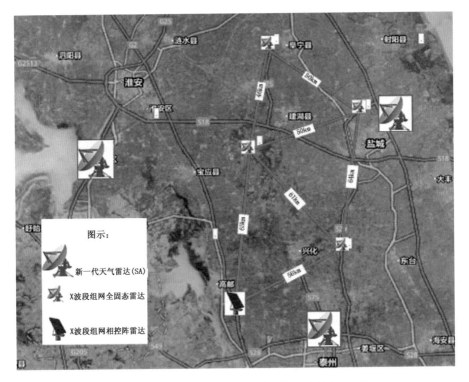

图 6.29 江苏省国家级龙卷观测预警试验基地雷达网

图 6.30 自适应协同控制中心流程图

　　(2)建设监测龙卷的 X 波段天气雷达试验网,用来对龙卷等中小尺度强对流灾害性天气发生、发展、消亡全过程的气象条件进行有效的监测和试验性研究;研究适合龙卷观测的快速协同自适应扫描策略;形成龙卷等强对流灾害性天气协同观测业务运行系统。

　　(3)根据 X 波段雷达试验网观测到龙卷资料和新一代天气雷达等的观测资料,可用于分析龙卷形成过程中内部流场、精细化垂直结构与背景场的关系,演变趋势,研究龙卷形成过程与规律,为提升龙卷等强对流灾害性天气过程的预报和预警时效,促进龙卷观测、预报和预警的业务化发展,提出龙卷观测和预警的标准化业务流程及相关运行规章制度。

　　(4)利用 X 波段雷达试验网、卫星和其他地面设备等多源探测资料,研究构建反映大气真实状态的三维气象要素实况场的方法,进行龙卷等中小尺度强对流天气结构分析和气象要素预警试验。

　　(5)提出针对龙卷等强对流灾害性天气探测的装备和建站需求。提出龙卷观测和预警的业务推广建议。

6.6.1.2　主要建设内容

　　江苏省国家级龙卷观测预警试验基地雷达网如图 6.29 所示。一期建设阜宁、宝应、兴化、盐城 4 部 X 波段双偏振雷达组成的龙卷试验基地雷达监测网。雷达网建设间隔为 50 到 60km,实现地面(0km)至 2km 高度的有效探测。各站点分布及相互之间的距离如图 6.29 所示。二期在高邮建设 1 部相控阵 X 波段双偏振天气雷达。

6.6.1.3　适应协同控制中心流程图(由南京恩瑞特雷达有限公司提供)

　　图 6.30 是适应协同控制中心流程图,包括:自适应扫描、数据收集、组网拼图、目标区域识别及下一步扫描策略制定。更具体的内容前面 §6.4 中已述。

　　对图 6.30 说明如下。

　　(1)数据收集

　　系统开始运行后,各部雷达(包括业务运行的 S 波段和 C 波段天气雷达,以及参与协同探测的 X 波段天气雷达)首先根据预设的模式进行自主扫描,预设的扫描模式以大量程体扫为主,用于监测雷达覆盖区域范围内正在发生或潜在发生的天气现象。这些数据统一收集至协同控制中心的服务器上。

　　(2)组网拼图

　　对收集的天气雷达数据进行组网拼图,这一过程包括质量控制、插值处理和数据拼图三个步骤:

　　①质量控制:对雷达基数据进行质量控制,包括二次回波去除、衰减订正(X 波段)、速度退模糊和地杂波/超折射回波过滤等。

　　②插值处理:将雷达数据内插到笛卡尔坐标系下的经纬度高度网格点上,常用

的插值方法有：最近邻居法、径向和方位上的最近邻居和垂直线性内插法、垂直水平线性内插法和 8 点插值法等。

③数据拼图：负责将各个雷达插值得到的经纬度高度网格点上的物理量，采用合适的方法进行拼图和对重叠区的数据处理。常用的处理方法有：最近邻居法、最大值法和权重函数法等。

（3）目标区域识别

利用组网拼图后的数据，运用气象算法，定位回波中的各个目标区域，并提取这些目标区域的参数信息，计算各目标区域的权重系数。目标区域识别包括滤波、边界定位、强度信息计算、区域面积计算、回波变化量计算、权重系数计算 6 个步骤。

①滤波：设置一个阈值（例如 35dBZ），将弱回波滤除，只保留一些较强的回波区域。

②边界定位：对包含较强回波的区域进行定位，提取各个区域的边界信息，包括经纬度网格点上的左右和上下边界，称这些区域为目标区域。

③强度信息计算：计算各个目标区域的强度信息，包括质心位置、区域内的最大回波强度和平均回波强度等。

④区域面积计算：根据步骤②中定位的边界信息，采用椭圆近似法计算每个目标区域的面积。

⑤回波变化量计算：对当前时刻和前一时刻的各个目标区域进行匹配，然后计算各个区域的变化量，包括最大回波强度变化量、平均回波强度变化量和区域面积变化量等。

⑥权重系数计算：根据每个目标区域内的最大回波强度、平均回波强度、区域面积、最大回波强度变化量、平均回波强度变化量、区域面积变化量这 6 个参数计算出每个目标区域的权重系数。

（4）扫描策略制定

雷达回波经过组网拼图和目标区域识别之后，就可以制定下一步各个 X 波段雷达的扫描策略。根据各个目标区域的权重系数、大小、位置等信息，制定适当的扫描策略进行最优观测。这一过程包括权重系数排序、扫描角计算、扫描模式选择、方位角计算 4 个步骤。

①权重系数排序：识别到的目标区域有时可能会有多个，协同观测时不可能兼顾所有的目标区域，权重系数反映了各个目标区域的重要程度和受关注度，因此在制定扫描策略前可以按照权重系数对各个目标区域进行排序，以便于选择最终的协同观测区域。

②扫描角计算：目标区域排序后，将权重系数前 3 位的目标区域进行合并，作

为最终的协同观测区域,计算该区域相对于各部 X 波段天气雷达的最小扫描角,即雷达在水平上扫描多少度可以覆盖该区域。

③扫描模式选择:雷达的扫描模式有 PPI、RHI、体扫和扇扫几种,根据协同观测区域的回波情况及用户关心的产品,兼顾协同探测的时间分辨率(一般为 2 分钟),选择每一部雷达的扫描模式。当用户关心回波的垂直结构时,可以设定 RHI 扫描相关准则,RHI 扫描的参数由强回波中心的位置及协同探测的时间分辨率决定。

④方位角计算:确定每部 X 波段天气雷达的扫描模式后,如果是扇扫(绝大多数情况下应该是采用这种扫描模式),就需要计算扇扫时的起始方位角和终止方位角。

(5)适应性扫描

扫描策略制定完成后,协同控制中心将扫描策略发送至相应的每一部 X 波段天气雷达。各部 X 波段天气雷达收到扫描策略后,将其分解为各个分系统的工作指令,控制雷达按指定的策略进行观测。

参考文献

[1] Brewster K A, Brotzge J, Thomas K W, et al. High Resolution Assimilation of CASA AND NEXRAD radar data in near real-time: Results from spring 2007 and plans for spring 2008 [R]. 12 Conference IOAS-AOLS New Orleans, Louisiana, January, 20-24.

[2] Brotzge J, Droegemeier K, Mcliaughlin D J. Collaborative adaptive sensing of the atmosphere(CASA): New radar system for improving analysis and forecasting of surface weather conditions[R]. [Notes: Many of these papers were presented at the TRB 85th Annual Meeting in January 2006], pp. 145-151.

[3] 吴翀. 我国双偏振业务雷达的资料质量分析及相态识别应用[D]. 南京:南京信息工程大学,2018.

[4] 杨洪平,张沛源,程明虎,等. 多普勒天气雷达组网拼图有效数据区域分析[J]. 应用气象学报, 2009, 20(1):47-55.

[5] 王建国,高玉春,朱君鉴,等. 山东省新一代天气雷达组网业务应用[J]. 气象, 2006, 32 (10):102-106.

[6] 白玉洁,胡东明,程元慧,等. 广东天气雷达组网策略及在台风监测中的应用[J]. 热带气象学报, 2012, 28(4):603-608.

[7] 肖艳姣,刘黎平. 新一代天气雷达网资料的三维格点化及拼图方法研究[J]. 气象学报, 2006, 64(5):647-657.

附录　龙卷灾害调查技术规范
(GB/T 34301—2017)

1　范围

本标准规定了龙卷灾害调查的原则、组织和调查程序、调查对象和内容、资料处理和分析方法等。

本标准适用于龙卷灾害的调查。

2　术语和定义

下列术语和定义适用于本文件。

2.1　龙卷 tornado

从积状云下垂到地面的旋转空气柱,常表现为漏斗状云体。

2.2　龙卷灾害 tornado damage

由龙卷直接或间接引起的,给人类和社会经济造成损失的灾害现象。

2.3　龙卷灾害调查 tornado damage investigation

对龙卷灾害发生及破坏情况的勘察、取证、鉴定以及做出结论的全过程。

2.4　龙卷路径 tornado track

龙卷移动的路径,在地面上表现为明显的破坏轨迹。

2.5　龙卷路径长度 length of tornado track

沿龙卷路径方向上的破坏轨迹的总长度。
单位为米(m)。

2.6 龙卷路径宽度 breadth of tornado track

垂直于龙卷路径方向上的破坏轨迹的平均宽度。
单位为米(m)。

2.7 飞射物 missile

被龙卷卷起并抛离原地的物体。

2.8 风速 velocity

单位时间内空气移动的水平距离。
[QX/T 51—2007,定义 3.3]
单位为米/秒(m/s)。

3 调查原则、组织和调查程序

3.1 调查原则

龙卷灾害调查应遵循客观、科学、及时、完整的原则。

3.2 调查组织

3.2.1 应建立龙卷发生报告制度,及时获取龙卷发生信息。

3.2.2 根据灾情报告及气象信息员、志愿者提供的信息,县级及县级以上气象主管机构会同相关部门,组成并派出调查组,开展龙卷灾害调查,调查组应由气象及相关专业人员组成,调查组人员应不少于 3 人。

3.2.3 应在收到龙卷发生报告后立即开展龙卷灾害调查,并在 72 小时内完成调查分析报告。

3.3 调查程序

龙卷灾害调查程序见图 1。

4 调查对象和方式

4.1 调查对象

龙卷灾害调查应包括如下调查对象:

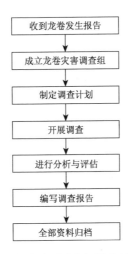

图 1 龙卷灾害调查程序流程图

a) 目击者和龙卷发生报告者；

b) 灾害现场及周围环境；

c) 气象台站的观测、探测资料及灾情记录；

d) 民政、农业、林业、交通、电力、建设、渔业等部门的相关记录；

e) 档案馆的龙卷灾害历史记录；

f) 其他。

4.2 调查方式

龙卷灾害调查宜采用现场测量、拍摄、录像、录音、现场记录和资料拷贝等方式进行。

5 调查内容和方法

5.1 调查范围

5.1.1 龙卷灾害的调查范围为龙卷发生所在的县(市、区、旗)。

5.1.2 龙卷灾害现场的调查宜沿着龙卷路径进行,应包括龙卷路径两侧范围内的所有遭破坏的物象、目击者。

5.2 对气象观测、探测资料的调查

5.2.1 气象台站概况

调查气象台站类别、观测和探测的内容、方式等,并注明气象站与龙卷灾害现

场的水平距离、方位。

5.2.2　卫星、雷达探测资料

应调查收集龙卷灾害发生所在区域的气象卫星云图、雷达探测资料,收集并查看多普勒雷达龙卷式涡旋特征、中气旋分析产品等。

5.2.3　气象台站地面观测资料

调查地面气象观测记录,包括龙卷发生时的风向、风速、最大风速、极大风速、气压和最大变压、云状和云量、温度、湿度、降水量、天气现象及其持续时间等。

5.3　对目击者、报告者的调查和采访

5.3.1　对目击者、报告者进行现场采访,询问是否看到接地的漏斗云和地面旋转的碎屑、沙尘,收集和记录目击者对龙卷发生及影响的定性与定量描述,收集目击者拍摄的影像记录。

5.3.2　对目击者、报告者的调查和采访应与灾害现场调查同时进行,宜采用采访、现场记录或录音、录像等方式进行,目击者、报告者应在灾害调查表上签字确认。

5.3.3　调查和采访的内容:

　　a)　龙卷发生时的基本情况,主要是持续时间、移动路径、直径大小等;

　　b)　龙卷的性状,包括有无明显的漏斗云,是否接地;

　　c)　龙卷的破坏情况,包括对建筑物、构筑物或设施设备、交通工具、人和动物、植物的破坏,破坏位置、数量、方式和程度等;

　　d)　龙卷产生的飞射物情况,包括种类、体积、形状、重量,飞射物的飞行距离、高度、对地物的破坏及本身的损坏情况;

　　e)　其他。

5.3.4　应对目击者、报告者描述的灾损情况进行现场核查和确认,并收集其所持有的影音影像等资料。

5.4　对灾害现场的调查

5.4.1　利用测量工具对龙卷路径长度、路径宽度和受损对象的位置、方位、尺寸进行测量,测量工具参见附录 A。

5.4.2　对直观可见的龙卷灾害破坏物象,拍摄现场照片或进行录像,对典型破坏物象,宜近距离拍照并进行测量。

5.4.3　尽可能利用无人机对灾害现场进行航拍。

5.4.4　调查内容

5.4.4.1　建筑物、构筑物或其他设施、设备的损坏情况:

　　a)　被破坏的建筑物、构筑物的基本特征(包括类型、位置、建设年代、结构、数

量），被破坏方式和程度等；

  b) 被破坏的交通工具及其他设施设备的基本特征（包括类型、位置、年代、数量），被破坏的方式和程度；

  c) 其他。

5.4.4.2 人或动物的伤亡情况：

  a) 伤亡对象的基本特征（包括种类、重量等），必要时查阅医院或公安法医的检验报告；

  b) 人或动物的伤亡数量；

  c) 人或动物受伤害的方式和程度；

  d) 其他。

5.4.4.3 植物的损坏情况：

  a) 受损植物的基本特征，包括种类、高度、直径、位置、倒伏方位等；

  b) 受损植物的数目；

  c) 植物受损的方式和程度（刮倒、折断或连根拔起）；

  d) 其他。

5.4.4.4 其他：

  a) 受损物的基本特征，包括类别、性状等；

  b) 受损物的数量；

  c) 受损物遭破坏的方式和程度。

5.5 对龙卷发生地下垫面特征的调查

5.5.1 应对调查范围内的下垫面状况进行调查，调查内容包括地形、坡向、主要植被种类、经纬度和海拔高度等。

5.5.2 应对调查范围内的建筑物、构筑物和设施进行调查，包括乡镇、村庄、主要建筑物和电力、交通、通信设施的分布状况。

5.6 对历史龙卷灾害的调查

  应调查历史龙卷灾害记录，包括灾害发生、破坏情况及经济损失等。

5.7 对其他资料和信息的调查

5.7.1 龙卷发生地如有其他专项气象观测、探测资料的，应补充查阅。

5.7.2 应调查龙卷灾害发生时的监控录像、照片、录音等资料，并调查、收集灾害损失资料和信息。

6　结果分析

6.1　资料整理

6.1.1　按 5.1～5.7 的规定对调查资料进行汇总,填写有关调查表,调查表样式参见附录 B。

6.1.2　所有调查表、勘测记录、检验报告等应整理成册,所有调查资料应进行整理、备份、存档。

6.2　资料分析

6.2.1　结合龙卷发生的天气背景,利用气象观测、探测记录、现场测量数据、灾情调查数据,先对龙卷进行判断,然后分析龙卷发生的过程。

6.2.2　根据调查资料和分析的结果,按照改进型藤田级数(Enhance F-scale),对所调查的龙卷的强度进行等级划分,详见附录 C。

6.3　分析报告

6.3.1　对每一起龙卷报告,应独立编制分析报告。

6.3.2　分析报告应包括以下内容:

 a)　调查时间、调查方式和调查过程;

 b)　调查组、报告人和目击者名单及信息;

 c)　资料来源和说明;

 d)　报告的编制人员、核稿人、签发人;

 e)　龙卷灾害发生的时间、地点、移动路径、强度和灾害范围;

 f)　龙卷灾害现场的勘测过程和结果;

 g)　灾情的主要特征及描述;

 h)　统计与分析;

 i)　结论。

6.4　龙卷灾害调查报告及调查资料应汇交省级气象主管机构

（资料性附录略）